U0672925

建筑与市政工程施工现场专业人员职业标准培训教材

质量员（装饰方向）核心考点模拟与解析

建筑与市政工程施工现场专业人员职业标准培训教材编委会　编写

中国建筑工业出版社

图书在版编目（CIP）数据

质量员（装饰方向）核心考点模拟与解析／建筑与市政工程施工现场专业人员职业标准培训教材编委会编写. —北京：中国建筑工业出版社，2023.6
建筑与市政工程施工现场专业人员职业标准培训教材
ISBN 978-7-112-28644-7

Ⅰ. ①质… Ⅱ. ①建… Ⅲ. ①建筑装饰—质量管理—职业培训—教材 Ⅳ. ① TU712

中国国家版本馆 CIP 数据核字（2023）第 069405 号

本书是建筑与市政工程施工现场专业人员职业标准培训教材之一，根据现行行业标准《建筑与市政工程施工现场专业人员职业标准》JGJ/T 250、《建筑与市政工程施工现场专业人员考核评价大纲》以及各岗位对应的考试用书，组织相关专家编写。本书分上下两篇，上篇为通用与基础知识，下篇为岗位知识与专业技能，所有章节名称与相应专业的《建筑与市政工程施工现场专业人员职业标准培训教材（第三版）》相对应，规范类考点增加了原书内容页码，以便考生查找，对照学习。本书总结提取教材中的核心考点，引导考生学习与复习；结合往年考试中的难点和易错考点，配以相应的测试题，增强考生知识点应用能力，提升其应试能力。

责任编辑：周娟华　李　慧
责任校对：党　蕾

建筑与市政工程施工现场专业人员职业标准培训教材
质量员（装饰方向）核心考点模拟与解析
建筑与市政工程施工现场专业人员职业标准培训教材编委会　编写
*
中国建筑工业出版社出版、发行（北京海淀三里河路 9 号）
各地新华书店、建筑书店经销
北京建筑工业印刷厂制版
北京中科印刷有限公司印刷
*
开本：787 毫米×1092 毫米　1/16　印张：12¼　字数：294 千字
2023 年 7 月第一版　2023 年 7 月第一次印刷
定价：**52.00** 元
ISBN 978-7-112-28644-7
（41092）

编 委 会

前　言

为落实住房和城乡建设部发布的现行行业标准《建筑与市政工程施工现场专业人员职业标准》JGJ/T 250，进一步规范建设行业施工现场专业人员岗位培训工作，贴合培训测试需求。本书以《质量员通用与基础知识（装饰方向）（第三版）》《质量员岗位知识与专业技能（装饰方向）（第三版）》为蓝本，依据职业标准相配套的考核评价大纲，总结提取教材中的核心考点，指导考生学习与复习；并结合往年考试中的难点和易错考点，配以相应的测试题，增强考生对知识点的理解，提升其应试能力，本书更贴合考试需求。

本书分上下两篇，上篇为《通用与基础知识》，下篇为《岗位知识与专业技能》，所有章节名称与《质量员通用与基础知识（装饰方向）（第三版）》《质量员岗位知识与专业技能（装饰方向）（第三版）》相对应，本书的知识点均标注了在第三版教材中的页码，以便考生查找，对照学习。

本书上篇教材点睛共 78 个考点，下篇教材点睛共 50 个考点，共计 128 个考点。全书考点分为四类，即一般考点（其后无标注），核心考点（“★”标识），易错考点（“●”标识），核心考点＋易错考点（“★●”标识）。

本书配套巩固练习题约 820 道，题型分为判断题、单选题、多选题三类。

本书由中建一局集团建设发展有限公司西南分公司总工程师李存担任主编。由于编写时间有限，书中难免存在不妥之处，敬请广大读者批评指正。

目　　录

上篇　通用与基础知识

下篇　岗位知识与专业技能

上篇 通用与基础知识

知识点导图

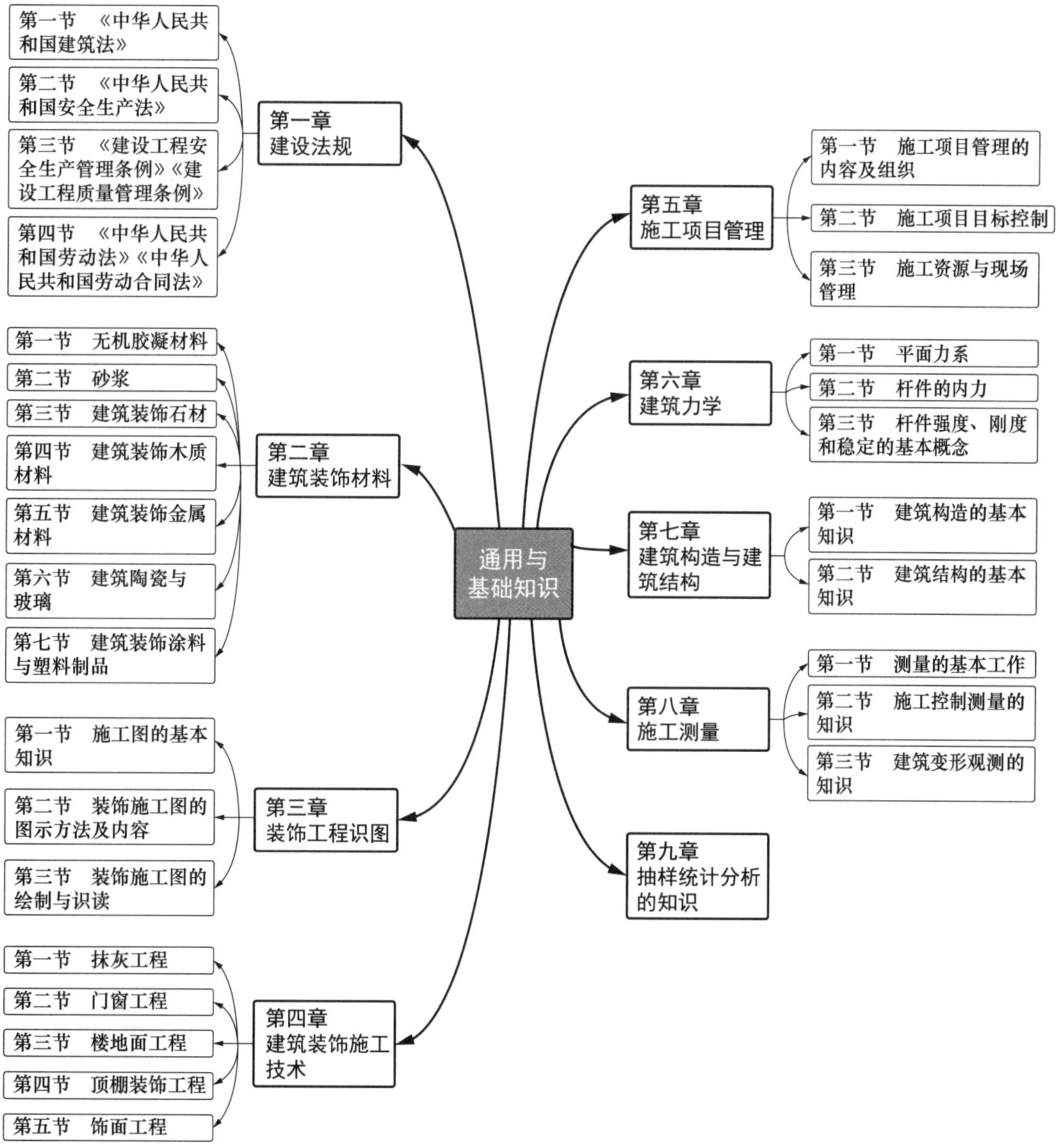

通用与基础知识

- 第一章 建设法规
  - 第一节 《中华人民共和国建筑法》
  - 第二节 《中华人民共和国安全生产法》
  - 第三节 《建设工程安全生产管理条例》《建设工程质量管理条例》
  - 第四节 《中华人民共和国劳动法》《中华人民共和国劳动合同法》
- 第二章 建筑装饰材料
  - 第一节 无机胶凝材料
  - 第二节 砂浆
  - 第三节 建筑装饰石材
  - 第四节 建筑装饰木质材料
  - 第五节 建筑装饰金属材料
  - 第六节 建筑陶瓷与玻璃
  - 第七节 建筑装饰涂料与塑料制品
- 第三章 装饰工程识图
  - 第一节 施工图的基本知识
  - 第二节 装饰施工图的图示方法及内容
  - 第三节 装饰施工图的绘制与识读
- 第四章 建筑装饰施工技术
  - 第一节 抹灰工程
  - 第二节 门窗工程
  - 第三节 楼地面工程
  - 第四节 顶棚装饰工程
  - 第五节 饰面工程
- 第五章 施工项目管理
  - 第一节 施工项目管理的内容及组织
  - 第二节 施工项目目标控制
  - 第三节 施工资源与现场管理
- 第六章 建筑力学
  - 第一节 平面力系
  - 第二节 杆件的内力
  - 第三节 杆件强度、刚度和稳定的基本概念
- 第七章 建筑构造与建筑结构
  - 第一节 建筑构造的基本知识
  - 第二节 建筑结构的基本知识
- 第八章 施工测量
  - 第一节 测量的基本工作
  - 第二节 施工控制测量的知识
  - 第三节 建筑变形观测的知识
- 第九章 抽样统计分析的知识

第一章　建设法规

考点1：建设法规构成概述●

教材点睛　教材[①] P1～2

1. 我国建设法规体系的五个层次

（1）建设法律：全国人民代表大会及其常务委员会制定通过，国家主席以主席令的形式发布。

（2）建设行政法规：国务院制定，国务院常务委员会审议通过，国务院总理以国务院令的形式发布。

（3）建设部门规章：住房和城乡建设部制定并颁布，或与国务院其他有关部门联合制定并发布。

（4）地方性建设法规：省、自治区、直辖市人民代表大会及其常委会制定颁布；本地适用。

（5）地方建设规章：省、自治区、直辖市人民政府以及省会（自治区首府）城市和经国务院批准的较大城市的人民政府制定颁布的；本地适用。

2. 建设法规体系各层次间的法律效力： 上位法优先原则，依次为建设法律、建设行政法规、建设部门规章、地方性建设法规、地方建设规章。

巩固练习

1.【判断题】建设法规是指国家立法机关制定的旨在调整国家、企事业单位、社会团体、公民之间，在建设活动中发生的各种社会关系的法律法规的总称。（　　）

2.【判断题】在我国的建设法规的五个层次中，法律效力的层级是上位法高于下位法，具体表现为：建设法律→建设行政法规→建设部门规章→地方性建设法规→地方建设规章。（　　）

3.【单选题】以下法规属于建设行政法规的是（　　）。

A.《工程建设项目施工招标投标办法》

B.《中华人民共和国城乡规划法》

C.《建设工程安全生产管理条例》

D.《实施工程建设强制性标准监督规定》

4.【多选题】下列属于我国建设法规体系的是（　　）。

① 上篇教材特指《质量员通用与基础知识（装饰方向）（第三版）》。

A. 建设行政法规　　　　B. 地方性建设法规
C. 建设部门规章　　　　D. 建设法律
E. 地方法律

【答案】1. ×；2. √；3. C；4. ABCD

第一节 《中华人民共和国建筑法》①

考点 2:《建筑法》的立法目的

教材点睛 教材 P2

1.《建筑法》的立法目的：加强对建筑活动的监督管理，维护建筑市场秩序，保证建筑工程的质量和安全，促进建筑业健康发展。

2. 现行《建筑法》是 2011 年修订施行的。

考点 3：从业资格的有关规定★

教材点睛 教材 P2 ～ 5

法规依据：《建筑法》第 12 条、第 13 条、第 14 条；《建筑业企业资质标准》

建筑业企业的资质

（1）建筑业企业资质序列：分为施工综合、施工总承包、专业承包和专业作业四个序列。

（2）建筑业企业资质等级：施工综合资质不分等级，施工总承包资质分为甲级、乙级两个等级，专业承包资质一般分为甲级、乙级两个等级（部分专业不分等级），专业作业资质不分等级，详见表 1-1。【P2～3】

（3）承揽业务的范围

① 施工综合企业和施工总承包企业：可以承接施工总承包工程。其中建筑工程、市政公用工程施工总承包企业承包工程范围分别见表 1-2、表 1-3。【P3～4】

② 专业承包企业：可以承接具有施工综合资质和施工总承包资质的企业依法分包的专业工程或建设单位依法发包的专业工程。其中，与建筑工程、市政公用工程相关的专业承包企业承包工程的范围见表 1-4。【P4～5】

③ 专业作业企业：可以承接具有上述三个承包资质企业分包的专业作业。

① 以下简称《建筑法》。

巩固练习

1.【判断题】《建筑法》的立法目的在于加强对建筑活动的监督管理，维护建筑市场秩序，保证建筑工程的质量和安全，促进建筑业健康发展。（　　）

2.【判断题】地基与基础工程专业乙级承包企业可承担深度不超过 24m 的刚性桩复合地基处理工程的施工。（　　）

3.【判断题】承包建筑工程的单位只要实际资质等级达到法律规定，即可在其资质等级许可的业务范围内承揽工程。（　　）

4.【判断题】专业作业企业可以承接具有施工综合、施工总承包、专业承包资质企业分包的专业作业。（　　）

5.【单选题】下列选项中，不属于《建筑法》规定约束的是（　　）。

A. 建筑工程发包与承包　　B. 建筑工程涉及的土地征用

C. 建筑安全生产管理　　D. 建筑工程质量管理

6.【单选题】建筑业企业资质等级，是由（　　）按资质条件把企业划分成为不同等级。

A. 国务院行政主管部门　　B. 国务院资质管理部门

C. 国务院工商注册管理部门　　D. 国务院

7.【单选题】按照《建筑业企业资质管理规定》，建筑业企业资质分为（　　）四个序列。

A. 特级、一级、二级、三级

B. 一级、二级、三级、四级

C. 甲级、乙级、丙级、丁级

D. 施工综合、施工总承包、专业承包和专业作业

8.【单选题】按照《建筑法》规定，建筑业企业各资质等级标准和各类别等级资质企业承担工程的具体范围，由（　　）会同国务院有关部门制定。

A. 国务院国有资产管理部门

B. 国务院建设行政主管部门

C. 该类企业工商注册地的建设行政主管部门

D. 省、自治区及直辖市建设行政主管部门

9.【单选题】下列建筑装修装饰工程的乙级专业承包企业不可以承包的工程范围是（　　）。

A. 单位工程造价 3400 万元及以下建筑室内、室外装修装饰工程的施工

B. 单位工程造价 1200 万元及以下建筑室内、室外装修装饰工程的施工

C. 除建筑幕墙工程外的单位工程造价 2400 万元及以上建筑室内、室外装修装饰工程的施工

D. 单项合同额 2000 万元及以下的建筑装修装饰工程，以及与装修工程直接配套的其他工程

【答案】1. √；2. √；3. ×；4. √；5. B；6. A；7. D；8. B；9. A

考点4：建筑安全生产管理的有关规定★

教材点睛 教材 P5 ～ 7

法规依据：《建筑法》第36条、第38条、第39条、第41条、第44条～第48条、第51条。

1. 建筑安全生产管理方针：“安全第一、预防为主”

2. 建设工程安全生产基本制度

（1）安全生产责任制度：包括企业各级领导人员的安全职责、企业各有关职能部门的安全生产职责以及施工现场管理人员及作业人员的安全职责三个方面。

（2）群防群治制度：要求建筑企业职工在施工中应当遵守有关生产的法律、法规和建筑行业安全规章、规程，不得违章作业；对于危及生命安全和身体健康的行为有权提出批评、检举和控告。

（3）安全生产教育培训制度：安全生产，人人有责。要求全员培训，未经安全生产教育培训的人员，不得上岗作业。

（4）伤亡事故处理报告制度：事故发生时及时上报，事故处理遵循“四不放过”的原则。【P6～7】

（5）安全生产检查制度：是安全生产的保障，通过检查发现问题，查出隐患，采取有效措施，堵塞漏洞，做到防患于未然。

（6）安全责任追究制度：对于没有履行职责造成人员伤亡和事故损失的参建单位，视情节给予相应处理；情节严重的，责令停业整顿，降低资质等级或吊销资质证书；构成犯罪的，依法追究刑事责任。

巩固练习

1.【判断题】《建筑法》第36条现定：建筑工程安全生产管理必须坚持安全第一、预防为主的方针。其中安全第一是安全生产方针的核心。 （ ）

2.【判断题】群防群治制度是建筑生产中最基本的安全管理制度，是所有安全规章制度的核心，是安全第一、预防为主方针的具体体现。 （ ）

3.【单选题】建筑工程安全生产管理必须坚持安全第一、预防为主的方针。预防为主体现在建筑工程安全生产管理的全过程中，具体是指（ ）、事后总结。

A. 事先策划、事中控制　　B. 事前控制、事中防范

C. 事前防范、监督策划　　D. 事先策划、全过程自控

4.【单选题】下列关于建设工程安全生产基本制度的说法中，正确的是（ ）。

A. 群防群治制度是建筑生产中最基本的安全管理制度

B. 建筑施工企业应当对直接施工人员进行安全教育培训

C. 安全检查制度是安全生产的保障

D. 施工中发生事故时，建筑施工企业应当及时清理事故现场并向建设单位报告

5.【单选题】针对事故发生的原因，提出防止相同或类似事故发生的切实可行的预

防措施，并督促事故发生单位加以实施，以达到事故调查和处理的最终目的。此款符合“四不放过”事故处理原则的（　　）原则。

A. 事故原因不清楚不放过　　B. 事故责任者和群众没有受到教育不放过

C. 事故责任者没有处理不放过　　D. 事故隐患不整改不放过

6.【单选题】建筑施工单位的安全生产责任制主要包括各级领导人员的安全职责、（　　）以及施工现场管理人员及作业人员的安全职责三个方面。

A. 项目经理部的安全管理职责

B. 企业监督管理部的安全监督职责

C. 企业各有关职能部门的安全生产职责

D. 企业各级施工管理及作业部门的安全职责

7.【单选题】按照《建筑法》规定，鼓励企业为（　　）办理意外伤害保险，支付保险费。

A. 从事危险作业的职工　　B. 现场施工人员

C. 全体职工　　D. 特种作业操作人员

8.【多选题】建设工程安全生产基本制度包括：安全生产责任制度、群防群治制度、（　　）六个方面。

A. 安全生产教育培训制度　　B. 伤亡事故处理报告制度

C. 安全生产检查制度　　D. 防范监控制度

E. 安全责任追究制度

9.【多选题】在进行生产安全事故报告和调查处理时，必须坚持“四不放过”的原则，包括（　　）。

A. 事故原因不清楚不放过　　B. 事故责任者和群众没有受到教育不放过

C. 事故单位未处理不放过　　D. 事故责任者没有处理不放过

E. 没有制定防范措施不放过

【答案】1. ×；2. ×；3. A；4. C；5. D；6. C；7. A；8. ABCE；9. ABD

考点 5:《建筑法》关于质量管理的规定

教材点睛　教材 P7～8

法规依据:《建筑法》第 52 条、第 54 条、第 55 条、第 58 条～第 62 条。

1. 建设工程竣工验收制度

建设工程竣工验收是对工程是否符合设计要求和工程质量标准所进行的检查、考核工作。建筑工程竣工经验收合格后，方可交付使用；未经验收或者验收不合格的，不得交付使用。

2. 建设工程质量保修制度

在《建筑法》规定的保修期限内，因勘察、设计、施工、材料等原因造成的质量缺陷，应当由施工承包单位负责维修、返工或更换，由责任单位负责赔偿损失。对促进建设各方加强质量管理，保护用户及消费者的合法权益，可起到重要的保障作用。

巩固练习

1.【判断题】在建设工程竣工验收后，在规定的保修期限内，因勘察、设计、施工、材料等原因造成的质量缺陷，应当由责任单位负责维修、返工或更换。（ ）

2.【单选题】建设工程项目的竣工验收，应当由（ ）依法组织进行。

A. 建设单位　　B. 建设单位或有关主管部门

C. 国务院有关主管部门　　D. 施工单位

3.【单选题】在建设工程竣工验收后，在规定的保修期限内，因勘察、设计、施工、材料等原因造成的质量缺陷，应当由（ ）负责维修、返工或更换。

A. 建设单位　　B. 监理单位

C. 责任单位　　D. 施工承包单位

4.【单选题】根据《建筑法》的规定，以下属于保修范围的是（ ）。

A. 供热、供冷系统工程　　B. 因使用不当造成的质量缺陷

C. 因第三方造成的质量缺陷　　D. 因不可抗力造成的质量缺陷

5.【单选题】建筑工程质量保修的具体保修范围和最低保修期限由（ ）规定。

A. 建设单位　　B. 国务院

C. 施工单位　　D. 建设行政主管部门

6.【多选题】建筑工程的保修范围应包括（ ）等。

A. 地基基础工程　　B. 主体结构工程

C. 屋面防水工程　　D. 电气管线

E. 使用不当造成的质量缺陷

【答案】1. ×；2. B；3. D；4. A；5. B；6. ABCD

第二节 《中华人民共和国安全生产法》①

考点 6:《安全生产法》的立法目的

教材点睛 教材 P8

1.《安全生产法》的立法目的：加强安全生产工作，防止和减少生产安全事故，保障人民群众生命和财产安全，促进经济社会持续健康发展。

2. 现行《安全生产法》是 2021 年修订施行的。

① 以下简称《安全生产法》。

考点 7：生产经营单位的安全生产保障的有关规定●

教材点睛 教材 P8 ～ 12

法规依据：《安全生产法》第 20 条～第 51 条。

1. 组织保障措施：建立安全生产管理机构；明确岗位责任。

2. 管理保障措施：包括人力资源管理、物力资源管理、经济保障措施、技术保障措施。

考点 8：从业人员的安全生产权利义务的有关规定●

教材点睛 教材 P12 ～ 13

法规依据：《安全生产法》第 28 条、第 45 条、第 52 条～第 61 条。

1. 安全生产中从业人员的权利：知情权、批评权和检举、控告权、拒绝权、紧急避险权、请求赔偿权、获得劳动防护用品的权利、获得安全生产教育和培训的权利。

2. 安全生产中从业人员的义务：自律遵规的义务、自觉学习安全生产知识的义务、危险报告义务。

考点 9：安全生产监督管理的有关规定●

教材点睛 教材 P13 ～ 14

法规依据：《安全生产法》第 62 条～第 78 条。

1. 安全生产监督管理部门：《安全生产法》第 9 条规定，国务院应急管理的部门对全国安全生产工作实施综合监督管理。国务院交通运输、住房和城乡建设、水利、民航等有关部门在各自的职责范围内对有关行业、领域的安全生产工作实施监督管理。

2. 安全生产监督管理措施：审查批准、验收；取缔，撤销，依法处理。

3. 安全生产监督管理部门的职权：监督检查不得影响被检查单位的正常生产经营活动。【P14】

巩固练习

1.【判断题】危险物品的生产、经营、储存单位以及矿山、建筑施工单位的主要负责人和安全管理人员，应当缴费参加由有关部门组织的对其安全生产知识和管理能力考核，合格后方可任职。 (　　)

2.【判断题】生产经营单位的特种作业人员必须按照国家有关规定经生产经营单位组织的安全作业培训，方可上岗作业。 (　　)

3.【判断题】生产经营单位应当按照国家有关规定，将本单位重大危险源及有关安

全措施、应急措施报有关地方人民政府建设行政主管部门备案。（　　）

4.【判断题】从业人员发现直接危及人身安全的紧急情况时，应先把紧急情况完全排除，经主管单位允许后撤离作业场所。（　　）

5.【判断题】《安全生产法》的立法目的是加强安全生产工作，防止和减少生产安全事故，保障人民群众生命和财产安全，促进经济社会持续健康发展。（　　）

6.【判断题】建筑施工从业人员在一百人以下的，不需要设置安全生产管理机构或者配备专职安全生产管理人员，但应当配备兼职的安全生产管理人员。（　　）

7.【判断题】国家对严重危及生产安全的工艺、设备实行审批制度。（　　）

8.【判断题】生产经营单位临时聘用的钢结构焊接工人不属于生产经营单位的从业人员，所以不享有相应的从业人员应享有的权利。（　　）

9.【单选题】《安全生产法》主要对生产经营单位的安全生产保障、（　　）、安全生产的监督管理、生产安全事故的应急救援与调查处理四个主要方面作出了规定。

A. 生产经营单位的法律责任　　B. 安全生产的执行

C. 从业人员的权利和义务　　D. 施工现场的安全

10.【单选题】下列关于生产经营单位安全生产保障的说法中，正确的是（　　）。

A. 可以将生产经营项目、场所、设备发包给建设单位指定认可的不具有相应资质等级的单位或个人

B. 生产经营单位的特种作业人员经过单位组织的安全作业培训方可上岗作业

C. 生产经营单位必须依法参加工伤社会保险，为从业人员缴纳保险费

D. 生产经营单位仅需要为从业人员提供劳动防护用品

11.【单选题】下列措施中，不属于生产经营单位安全生产保障措施中经济保障措施的是（　　）。

A. 保证劳动防护用品、安全生产培训所需要的资金

B. 保证工伤社会保险所需要的资金

C. 保证安全设施所需要的资金

D. 保证员工食宿设备所需要的资金

12.【单选题】当从业人员发现直接危及人身安全的紧急情况时，有权停止作业或在采取可能的应急措施后撤离作业场所，这里的权是指（　　）。

A. 拒绝权　　B. 批评权和检举、控告权

C. 紧急避险权　　D. 自我保护权

13.【单选题】根据《安全生产法》规定，生产经营单位与从业人员订立协议，免除或减轻其对从业人员因生产安全事故伤亡依法应承担的责任，该协议（　　）。

A. 无效　　B. 有效

C. 经备案后生效　　D. 效力待定

14.【单选题】下列不属于生产经营单位的从业人员范畴的是（　　）。

A. 技术人员　　B. 临时聘用的钢筋工

C. 管理人员　　D. 监督部门视察的监管人员

15.【单选题】下列选项中，不属于安全生产监督检查人员义务的是（　　）。

A. 对检查中发现的安全生产违法行为，当场予以纠正或者要求限期改正

B. 执行监督检查任务时，必须出示有效的监督执法证件

C. 对涉及被检查单位的技术秘密和业务秘密，应当为其保密

D. 应当忠于职守，坚持原则，秉公执法

16.【多选题】生产经营单位安全生产保障措施由（　　）组成。

A. 经济保障措施　　B. 技术保障措施

C. 组织保障措施　　D. 法律保障措施

E. 管理保障措施

【答案】1. ×；2. ×；3. ×；4. ×；5. √；6. ×；7. ×；8. ×；9. C；10. C；11. D；12. C；13. A；14. D；15. A；16. CE

考点 10：安全事故应急救援与调查处理的规定★

教材点睛　教材 P14 ～ 15

法规依据：《安全生产法》第 79 条～第 89 条、《生产安全事故报告和调查处理条例》

1. 生产安全事故的等级划分标准（按生产安全事故造成的人员伤亡或直接经济损失划分）

（1）特别重大事故：死亡≥ 30 人，或重伤≥ 100 人（包括急性工业中毒，下同），或直接经济损失≥ 1 亿元的事故。

（2）重大事故：10 人≤死亡＜ 30 人，或 50 人≤重伤＜ 100 人，或 5000 万元≤直接经济损失＜ 1 亿元的事故。

（3）较大事故：3 人≤死亡＜ 10 人，或 10 人≤重伤＜ 50 人，或 1000 万元≤直接经济损失＜ 5000 万元的事故。

（4）一般事故：死亡＜3人，或重伤＜10人，或直接经济损失＜1000万元的事故。

2. 生产安全事故报告

（1）生产经营单位发生生产安全事故后，事故现场有关人员应当立即报告本单位负责人。单位负责人接到事故报告后，应当按照国家有关规定立即如实报告当地负有安全生产监督管理职责的部门，不得隐瞒不报、谎报或者迟报，不得故意破坏事故现场、毁灭有关证据。

（2）特种设备发生事故的，还应当同时向特种设备安全监督管理部门报告。实行施工总承包的建设工程，由总承包单位负责上报事故。

3. 应急抢救工作

单位负责人接到事故报告后，应当迅速采取有效措施，组织抢救，防止事故扩大，减少人员伤亡和财产损失。

4. 事故的调查

事故调查处理应当按照科学严谨、依法依规、实事求是、注重实效的原则，及时、准确地查清事故原因，查明事故性质和责任，评估应急处置工作，总结事故教训，提出整改措施，并对事故责任者提出处理建议。

巩固练习

1.【判断题】某施工现场脚手架倒塌，造成 3 人死亡 8 人重伤，根据《生产安全事故报告和调查处理条例》规定，该事故等级属于一般事故。（　　）

2.【判断题】某化工厂施工过程中造成化学品试剂外泄，导致现场 15 人死亡、120 人急性工业中毒，根据《生产安全事故报告和调查处理条例》规定，该事故等级属于重大事故。（　　）

3.【判断题】生产经营单位发生生产安全事故后，事故现场相关人员应当立即报告施工项目经理。（　　）

4.【判断题】某实行施工总承包的建设工程的分包单位所承担的分包工程发生生产安全事故，分包单位负责人应当立即如实报告给当地建设行政主管部门。（　　）

5.【单选题】根据《生产安全事故报告和调查处理条例》规定：造成 10 人及以上 30 人以下死亡，或者 50 人及以上 100 人以下重伤，或者 5000 万元及以上 1 亿元以下直接经济损失的事故属于（　　）。

A. 重伤事故　　B. 较大事故

C. 重大事故　　D. 死亡事故

6.【单选题】某市地铁工程施工作业面内，因大量水和流沙涌入，引起部分结构损坏及周边地区地面沉降，造成 3 栋建筑物严重倾斜，直接经济损失约合 1.5 亿元。根据《生产安全事故报告和调查处理条例》规定，该事故等级属于（　　）。

A. 特别重大事故　　B. 重大事故

C. 较大事故　　D. 一般事故

7.【单选题】下列关于安全事故调查的说法中，错误的是（　　）。

A. 重大事故由事故发生地省级人民政府负责调查

B. 较大事故的事故发生地与事故发生单位不在同一个县级以上行政区域的，由事故发生单位所在地的人民政府负责调查，事故发生地人民政府应当派人参加

C. 一般事故以下等级事故，可由县级人民政府直接组织事故调查，也可由上级人民政府组织事故调查

D. 特别重大事故由国务院或者国务院授权有关部门组织事故调查组进行调查

8.【多选题】国务院《生产安全事故报告和调查处理条例》规定：根据生产安全事故造成的人员伤亡或者直接经济损失，以下事故等级分类正确的有（　　）。

A. 造成 120 人急性工业中毒的事故为特别重大事故

B. 造成 8000 万元直接经济损失的事故为重大事故

C. 造成 3 人死亡、800 万元直接经济损失的事故为一般事故

D. 造成 10 人死亡、35 人重伤的事故为较大事故

E. 造成 10 人死亡、35 人重伤的事故为重大事故

9.【多选题】国务院《生产安全事故报告和调查处理条例》规定，事故一般分为（　　）。

A. 特别重大事故　　B. 重大事故

C. 大事故　　D. 一般事故

E. 较大事故

【答案】1. ×；2. ×；3. ×；4. ×；5. C；6. A；7. B；8. ABE；9. ABDE

第三节 《建设工程安全生产管理条例》《建设工程质量管理条例》

考点 11：《建设工程安全生产管理条例》★●

教材点睛 教材 P16～19

1. 立法目的：是为了加强建设工程安全生产监督管理，保障人民群众生命和财产安全。

2. 现行《建设工程安全生产管理条例》是 2004 年修订施行的。

3.《建设工程安全生产管理条例》关于施工单位的安全责任的有关规定

法规依据：《建设工程安全生产管理条例》第 20 条～第 38 条。

（1）施工单位有关人员的安全责任。

1）施工单位主要负责人（法人及施工单位全面负责、有生产经营决策权的人）：依法对本单位的安全生产工作全面负责。

2）施工单位的项目负责人（具有建造师执业资格的项目经理）：对建设工程项目的安全生产工作全面负责。

3）专职安全生产管理人员（具有安全生产考核合格证书）：对安全生产进行现场监督检查。发现安全事故隐患，应当及时向项目负责人和安全生产管理机构报告；对于违章指挥、违章操作的，应当立即制止。

（2）总承包单位和分包单位的安全责任：总承包单位对施工现场的安全生产负总责，分包单位应当服从总承包单位的安全生产管理；总承包单位和分包单位对分包工程的安全生产承担连带责任，但分包单位不服从管理导致生产安全事故的，由分包单位承担主要责任。

（3）安全生产教育培训。

1）管理人员的考核：施工单位的主要负责人、项目负责人、专职安全生产管理人员应当经建设行政主管部门或者其他有关部门考核合格后方可任职。

2）作业人员的安全生产教育培训：日常培训、新岗位培训、特种作业人员的专门培训。

（4）施工单位应采取的安全措施：编制安全技术措施、施工现场临时用电方案和专项施工方案；实行安全施工技术交底；设置施工现场安全警示标志；采取施工现场安全防护措施；施工现场的布置应当符合安全和文明施工要求；对周边环境采取防护措施；制定实施施工现场消防安全措施；加强安全防护设备、起重机械设备管理；为施工现场从事危险作业人员办理意外伤害保险。

巩固练习

1.【判断题】建设工程施工前，施工单位负责该项目管理的施工员应当对有关安全施工的技术要求向施工作业班组、作业人员作出详细说明，并由双方签字确认。（ ）

2.【判断题】施工技术交底的目的是使现场施工人员对安全生产有所了解，最大限度地避免安全事故的发生。（ ）

3.【判断题】施工单位应当在施工现场入口处、施工起重机械、临时用电设施、脚手架等危险部位，设置明显的安全警示标志。（ ）

4.【单选题】以下关于专职安全生产管理人员的说法中，错误的是（ ）。

A. 施工单位安全生产管理机构的负责人及其工作人员属于专职安全生产管理人员

B. 施工现场专职安全生产管理人员属于专职安全生产管理人员

C. 专职安全生产管理人员是指经过建设单位安全生产考核合格取得安全生产考核证书的专职人员

D. 专职安全生产管理人员应当对安全生产进行现场监督检查

5.【单选题】下列安全生产教育培训中，不是施工单位必须做的是（ ）。

A. 施工单位的主要负责人的考核

B. 特种作业人员的专门培训

C. 作业人员进入新岗位前的安全生产教育培训

D. 监理人员的考核培训

6.【单选题】《特种设备安全监察条例》规定的施工起重机械，在验收前应当经有相应资质的检验检测机构监督检验合格。施工单位应当自施工起重机械和整体提升脚手架、模板等自升式架设设施验收合格之日起（ ）日内，向建设行政主管部门或者其他有关部门登记。

A. 15　　B. 30

C. 7　　D. 60

7.【多选题】下列关于总承包单位和分包单位的安全责任的说法中，正确的是（ ）。

A. 总承包单位应当自行完成建设工程主体结构的施工

B. 总承包单位对施工现场的安全生产负总责

C. 经业主认可，分包单位可以不服从总承包单位的安全生产管理

D. 分包单位不服从管理导致生产安全事故的，由总包单位承担主要责任

E. 总承包单位和分包单位对分包工程的安全生产承担连带责任

8.【多选题】根据《建设工程安全生产管理条例》，应编制专项施工方案，并附具安全验算结果的分部分项工程包括（ ）。

A. 深基坑工程　　B. 起重吊装工程

C. 模板工程　　D. 楼地面工程

E. 脚手架工程

9.【多选题】施工单位应当根据论证报告修改完善专项方案，并经（ ）签字后，方可组织实施。

A. 施工单位技术负责人　　B. 总监理工程师

C. 项目监理工程师　　D. 建设单位项目负责人

E. 建设单位法人

10.【多选题】施工单位使用承租的机械设备和施工机具及配件，由（　　）共同进行验收。

A. 施工总承包单位　　B. 出租单位

C. 分包单位　　D. 安装单位

E. 建设监理单位

【答案】1. √；2. ×；3. √；4. C；5. D；6. B；7. ABE；8. ABCE；9. AB；10. ABCD

考点 12:《建设工程质量管理条例》★●

教材点睛　教材 P19 ～ 20

1. 立法目的：加强对建设工程质量的管理，保证建设工程质量，保护人民生命和财产安全。

2. 现行《建设工程质量管理条例》是 2019 年第二次修订的。

3.《建设工程质量管理条例》关于施工单位的质量责任和义务的有关规定

法规依据：《建设工程质量管理条例》第 25 条～第 33 条。

（1）依法承揽工程：施工单位应依法取得相应等级的资质证书，在资质等级许可范围内承揽工程；禁止以超资质、挂靠、被挂靠等方式承揽工程；不得转包或者违法分包工程。

（2）施工单位的质量责任：施工单位对建设工程的施工质量负责。建设工程实行总承包的，总承包单位应当对全部建设工程质量负责；建设工程勘察、设计、施工、设备采购的一项或者多项实行总承包的，总承包单位应当对其承包的建设工程或者采购的设备的质量负责；分包单位应当对其分包工程的质量向总承包单位负责，总承包单位与分包单位对分包工程的质量承担连带责任。

（3）施工单位的质量义务：按图施工；对建筑材料、构配件和设备进行检验的责任；对施工质量进行检验的责任；见证取样；保修责任。

巩固练习

1.【判断题】施工人员对涉及结构安全的试块、试件以及有关材料，应当在建设单位或者工程监理单位监督下现场取样，并送具有相应资质等级的质量检测单位进行检测。（　　）

2.【判断题】在建设单位竣工验收合格前，施工单位应对质量问题履行返修义务。（　　）

3.【单选题】某项目分期开工建设，开发商二期工程 3、4 号楼仍然复制使用一期工程施工图纸。施工时施工单位发现该图纸使用的 02 标准图集现已废止，按照《建设工程质量管理条例》的规定，施工单位正确的做法是（　　）。

A. 继续按图施工，因为按图施工是施工单位的本分

B. 按现行图集套改后继续施工

C. 及时向有关单位提出修改意见

D. 由施工单位技术人员修改图纸

4.【单选题】根据《建设工程质量管理条例》规定，施工单位应当对建筑材料、建筑构配件、设备和商品混凝土进行检验，下列做法不符合规定的是（　　）。

A. 未经检验的，不得用于工程上

B. 检验不合格的，应当重新检验，直至合格

C. 检验要按规定的格式形成书面记录

D. 检验要有相关的专业人员签字

5.【单选题】根据有关工程返修的规定，下列说法正确的是（　　）。

A. 对施工过程中出现质量问题的建设工程，若非施工单位原因造成的，施工单位不负责返修

B. 对施工过程中出现质量问题的建设工程，无论是否施工单位原因造成的，施工单位都应负责返修

C. 对竣工验收不合格的建设工程，若非施工单位原因造成的，施工单位不负责返修

D. 对竣工验收不合格的建设工程，若是施工单位原因造成的，施工单位负责有偿返修

6.【多选题】下列选项中，属于施工单位的质量责任和义务的有（　　）。

A. 建立质量保证体系

B. 按图施工

C. 对建筑材料、构配件和设备进行检验的责任

D. 组织竣工验收

E. 见证取样

【答案】1. √；2. √；3. C；4. B；5. B；6. ABCE

第四节 《中华人民共和国劳动法》[①]《中华人民共和国劳动合同法》[②]

考点 13:《劳动法》《劳动合同法》立法目的

教材点睛　教材 P21

1.《劳动法》立法目的：是保护劳动者的合法权益，调整劳动关系，建立和维护适应社会主义市场经济的劳动制度，促进经济发展和社会进步。现行《中华人民共和国劳动法》是 2018 年第二次修订的。

2.《劳动合同法》立法目的：是为了完善劳动合同制度，明确劳动合同双方当事

① 以下简称《劳动法》。

② 以下简称《劳动合同法》。

教材点睛 教材 P21（续）

人的权利和义务，保护劳动者的合法权益，构建和发展和谐稳定的劳动关系。现行《中华人民共和国劳动合同法》是2013年修订施行的。

考点14：《劳动法》《劳动合同法》关于劳动合同和集体合同的有关规定★●

教材点睛 教材 P21～27

法规依据：关于劳动合同的条文见《劳动法》第16条～第32条，《劳动合同法》第7条～第50条；

关于集体合同的条文见《劳动法》第33条～第35条，《劳动合同法》第51条～第56条。

1. 劳动合同的分类

分为固定期限劳动合同、无固定期限劳动合同和以完成一定工作任务为期限的劳动合同。集体合同实际上是一种特殊的劳动合同。

2. 劳动合同的订立

（1）应当订立无固定期限劳动合同的情况：劳动者在该用人单位连续工作满10年的；用人单位初次实行劳动合同制度或者国有企业改制重新订立劳动合同时，劳动者在该用人单位连续工作满10年且距法定退休年龄不足10年的；同一单位连续订立两次固定期限劳动合同的。

（2）订立劳动合同的时间限制：建立劳动关系，应当订立书面劳动合同。

3. 劳动合同无效的情况

（1）以欺诈、胁迫的手段或者乘人之危，使对方在违背真实意思的情况下订立或者变更劳动合同的；

（2）用人单位免除自己的法定责任、排除劳动者权利的；

（3）违反法律、行政法规强制性规定的。

劳动合同部分无效，不影响其他部分效力的，其他部分仍然有效。

4. 集体合同的内容与订立

（1）集体合同的主要内容：包括劳动报酬、工作时间、休息休假、劳动安全卫生、保险福利等事项，也可以就劳动安全卫生、女职工权益保护、工资调整机制等事项订立专项集体合同。

（2）集体合同的签订人：工会代表职工或由职工推举的代表。

（3）集体合同的效力：对企业和企业全体职工具有约束力。职工个人与企业订立的劳动合同中劳动条件和劳动报酬等标准不得低于集体合同的规定。

（4）集体合同争议的处理：因履行集体合同发生争议，经协商解决不成的，工会或职工协商代表可以自劳动争议发生之日起1年内向劳动争议仲裁委员会申请劳动仲裁；对劳动仲裁结果不服的，可以自收到仲裁裁决书之日起15日内向人民法院提起诉讼。

考点 15:《劳动法》关于劳动安全卫生的有关规定●

教材点睛 教材 P27

法规依据:《劳动法》第 52 条～第 57 条。

1. 劳动安全卫生的概念: 指直接保护劳动者在劳动中的安全和健康的法律保护。

2. 用人单位和劳动者应当遵守的劳动安全卫生法律规定。【P27】

巩固练习

1.【判断题】《劳动合同法》的立法目的是完善劳动合同制度，建立和维护适应社会主义市场经济的劳动制度，明确劳动合同双方当事人的权利和义务，保护劳动者的合法权益，构建和发展和谐稳定的劳动关系。（　　）

2.【判断题】用人单位和劳动者之间订立的劳动合同可以采用书面或口头形式。（　　）

3.【判断题】已建立劳动关系，未同时订立书面劳动合同的，应当自用工之日起一个月内订立书面劳动合同。（　　）

4.【判断题】用人单位违反集体合同，侵犯职工劳动权益的，职工可以要求用人单位承担责任。（　　）

5.【单选题】下列社会关系中，属于我国《劳动法》调整的劳动关系的是（　　）。

A. 施工单位与某个体经营者之间的加工承揽关系

B. 劳动者与施工单位之间在劳动过程中发生的关系

C. 家庭雇佣劳动关系

D. 社会保险机构与劳动者之间的关系

6.【单选题】2005 年 2 月 1 日小李经过面试合格后并与某建筑公司签订了为期 5 年的用工合同，并约定了试用期，则试用期最迟至（　　）。

A. 2005 年 2 月 28 日　　B. 2005 年 5 月 31 日

C. 2005 年 8 月 1 日　　D. 2006 年 2 月 1 日

7.【单选题】甲建筑材料公司聘请王某担任推销员，双方签订劳动合同，合同中约定如果王某完成承包标准，每月基本工资 1000 元，超额部分按 40% 提成，若不完成任务，可由公司扣减工资。下列选项中表述正确的是（　　）。

A. 甲建筑材料公司不得扣减王某工资

B. 由于在试用期内，所以甲建筑材料公司的做法是符合《劳动合同法》的

C. 甲建筑材料公司可以扣发王某的工资，但是不得低于用人单位所在地的最低工资标准

D. 试用期内的工资不得低于本单位相同岗位的最低档工资

8.【单选题】贾某与乙建筑公司签订了一份劳动合同，在合同尚未期满时，贾某拟解除劳动合同。根据规定，贾某应当提前（　　）日以书面形式通知用人单位。

A. 3　　　　　　　　　　　　　　B. 15

C. 15　　　　　　　　　　　　　D. 30

9.【单选题】在下列情形中，用人单位可以解除劳动合同，但应当提前30天以书面形式通知劳动者本人的是（　　）。

A. 小王在试用期内迟到早退，不符合录用条件

B. 小李因盗窃被判刑

C. 小张在外出执行任务时负伤，失去左腿

D. 小吴下班时间酗酒摔伤住院，出院后不能从事原工作，也拒不从事单位另行安排的工作

10.【单选题】按照《劳动合同法》的规定，在下列选项中，用人单位提前30天以书面形式通知劳动者本人或额外支付1个月工资后可以解除劳动合同的情形是（　　）。

A. 劳动者患病或非工负伤在规定的医疗期满后不能胜任原工作的

B. 劳动者试用期间被证明不符合录用条件的

C. 劳动者被依法追究刑事责任的

D. 劳动者不能胜任工作，经培训或调整岗位仍不能胜任工作的

11.【单选题】王某应聘到某施工单位，双方于4月15日签订为期3年的劳动合同，其中约定试用期3个月，次日合同开始履行，7月18日，王某拟解除劳动合同，则（　　）。

A. 必须取得用人单位同意

B. 口头通知用人单位即可

C. 应提前30日以书面形式通知用人单位

D. 应报请劳动行政主管部门同意后以书面形式通知用人单位

12.【单选题】2013年1月，甲建筑材料公司聘请王某担任推销员，但2013年3月，由于王某怀孕，身体健康状况欠佳，未能完成任务，为此，公司按合同的约定扣减工资，只发生活费，其后，又有两个月均未能完成承包任务，因此，甲建筑材料公司作出解除与王某的劳动合同。下列选项中表述正确的是（　　）。

A. 由于在试用期内，甲建筑材料公司可以随时解除劳动合同

B. 由于王某不能胜任工作，甲建筑材料公司应提前30日通知王某，解除劳动合同

C. 甲建筑材料公司可以支付王某一个月工资后解除劳动合同

D. 由于王某在怀孕期间，所以甲建筑材料公司不能解除劳动合同

13.【多选题】无效的劳动合同，从订立的时候起，就没有法律约束力。下列属于无效的劳动合同的有（　　）。

A. 报酬较低的劳动合同

B. 违反法律、行政法规强制性规定的劳动合同

C. 采用欺诈、威胁等手段订立的严重损害国家利益的劳动合同

D. 未规定明确合同期限的劳动合同

E. 劳动内容约定不明确的劳动合同

14.【多选题】关于劳动合同变更，下列表述中正确的有（　　）。

A. 用人单位与劳动者协商一致，可变更劳动合同的内容

B. 变更劳动合同只能在合同订立之后、尚未履行之前进行

C. 变更后的劳动合同文本由用人单位和劳动者各执一份

D. 变更劳动合同应采用书面形式

E. 建筑公司可以单方变更劳动合同，变更后劳动合同有效

15.【多选题】根据《劳动合同法》，劳动者有下列（　　）情形之一的，用人单位可随时解除劳动合同。

A. 在试用期间被证明不符合录用条件的

B. 严重失职，营私舞弊，给用人单位造成重大损害的

C. 劳动者不能胜任工作，经过培训或者调整工作岗位，仍不能胜任工作的

D. 劳动者患病，在规定的医疗期满后不能从事原工作，也不能从事由用人单位另行安排的工作的

E. 被依法追究刑事责任

16.【多选题】某建筑公司发生以下事件：职工李某因工负伤而丧失劳动能力；职工王某因盗窃自行车一辆而被公安机关给予行政处罚；职工徐某因与他人同居而怀孕；职工陈某被派往境外逾期未归；职工张某因工程重大安全事故罪被判刑。对此，该建筑公司可以随时解除劳动合同的有（　　）。

A. 李某　　B. 王某

C. 徐某　　D. 陈某

E. 张某

17.【多选题】在下列情形中，用人单位不得解除劳动合同的有（　　）。

A. 劳动者被依法追究刑事责任

B. 女职工在孕期、产期、哺乳期

C. 患病或者非因工负伤，在规定的医疗期内的

D. 因工负伤被确认丧失或者部分丧失劳动能力

E. 劳动者不能胜任工作，经过培训，仍不能胜任工作

18.【多选题】下列情况中，劳动合同终止的有（　　）。

A. 劳动者开始依法享受基本养老待遇

B. 劳动者死亡

C. 用人单位名称发生变更

D. 用人单位投资人变更

E. 用人单位被依法宣告破产

【答案】1. ×；2. ×；3. √；4. ×；5. B；6. C；7. C；8. D；9. D；10. D；11. C；12. D；13. BC；14. ACD；15. ABE；16. DE；17. BCD；18. ABE

第二章　建筑装饰材料

第一节　无机胶凝材料

考点 16：无机胶凝材料的分类及特性

教材点睛　教材 P28

无机胶凝材料类型	适用环境	代表材料
气硬性胶凝材料	只适用于干燥环境	石灰、石膏、水玻璃
水硬性胶凝材料	既适用于干燥环境，也适用于潮湿环境及水中工程	水泥

考点 17：通用水泥的品种、主要技术性质及应用★●

教材点睛　教材 P28 ～ 31

1. 通用水泥的品种、特性及应用【表 2-1，P29】

2. 通用水泥的主要技术性质：细度，标准稠度及其用水量，凝结时间，体积安定性，水泥的强度等级，水化热。

3. 装饰工程常用特性水泥的品种、特性及应用

（1）建筑装修工程中常用的白色硅酸盐水泥和彩色硅酸盐水泥。

1）白色硅酸盐水泥（简称白水泥）：以白色硅酸盐水泥熟料，加入适量石膏，经磨细制成的水硬性胶凝材料。

2）彩色硅酸盐水泥（简称彩色水泥）：① 在白水泥的生料中加入少量金属氧化物，直接烧成彩色水泥熟料，然后再加适量石膏磨细而成；② 为白水泥熟料、适量石膏及碱性颜料共同磨细而成。

（2）白水泥和彩色水泥主要用于建筑物内外的装饰，如地面、楼面、墙面、柱面、台阶等；建筑立面的线条、装饰图案、雕塑等。配以大理石、白云石石子和石英砂作为粗细骨料，可以拌制成彩色砂浆和混凝土，做成彩色水磨石、水刷石等。

巩固练习

1.【判断题】气硬性胶凝材料只能在空气中凝结、硬化、保持和发展强度，一般只适用于干燥环境，不宜用于潮湿环境与水中；那么水硬性胶凝材料则只能适用于潮湿环

境与水中。 (　　)

2.【判断题】国家标准规定：硅酸盐水泥初凝时间不得早于45min，终凝时间不得迟于10h。 (　　)

3.【单选题】属于水硬性胶凝材料的是(　　)。

A. 石灰　　B. 石膏

C. 水泥　　D. 水玻璃

4.【单选题】气硬性胶凝材料一般只适用于(　　)环境中。

A. 干燥　　B. 干湿交替

C. 潮湿　　D. 水

5.【单选题】下列(　　)是不属于按用途和性能对水泥分类的。

A. 通用水泥　　B. 专用水泥

C. 特性水泥　　D. 多用水泥

6.【单选题】白色硅酸盐水泥加入颜料可制成彩色水泥，对所加颜料的基本要求是(　　)。

A. 酸性颜料　　B. 碱性颜料

C. 有机颜料　　D. 无机有机合成颜料

7.【单选题】下列水泥品种中，(　　)水化热最低。

A. 硅酸盐水泥　　B. 普通硅酸盐水泥

C. 高铝水泥　　D. 火山灰质硅酸盐水泥

8.【多选题】下列关于通用水泥的特性及应用的基本规定中，表述正确的是(　　)。

A. 复合硅酸盐水泥适用于早期强度要求高的工程及冬期施工的工程

B. 矿渣硅酸盐水泥适用于大体积混凝土工程

C. 粉煤灰硅酸盐水泥适用于有抗渗要求的工程

D. 火山灰质硅酸盐水泥适用于抗裂性要求较高的构件

E. 硅酸盐水泥适用于严寒地区遭受反复冻融循环作用的混凝土工程

9.【多选题】下列属于通用水泥的主要技术性质指标的是(　　)。

A. 细度　　B. 凝结时间

C. 黏聚性　　D. 体积安定性

E. 水化热

【答案】1. ×；2. ×；3. C；4. A；5. D；6. B；7. D；8. BE；9. ABDE

第二节　砂　　浆

考点 18：砌筑砂浆的种类、组成材料及主要技术性质●

教材点睛　教材 P31 ～ 33

1. 砌筑砂浆的分类

砌筑砂浆
- 水泥砂浆：强度高、耐久性和耐火性好；流动性和保水性差。常用于地下结构或常受水侵蚀的砌体部位。
- 石灰砂浆：强度较低、耐久性差，但流动性和保水性较好。可用于干燥环境下的砌体砌筑。
- 混合砂浆：强度较高、耐久性、流动性和保水性好。不能用于地下结构或常受水侵蚀的砌体部位。
  - 水泥石灰砂浆
  - 水泥黏土砂浆
  - 石灰黏土砂浆
  - 石灰粉煤灰砂浆

2. 砌筑砂浆的组成材料及其技术要求

（1）胶凝材料（水泥）：常用的水泥种类有普通水泥、矿渣水泥、火山灰水泥、粉煤灰水泥和砌筑水泥等；M15 及以下强度等级的砌筑砂浆宜选用 42.5 级通用硅酸盐水泥或砌筑水泥；M15 以上强度等级的砌筑砂浆宜选用 42.5 级通用硅酸盐水泥。

（2）细骨料（普通砂）：除毛石砌体宜选用粗砂外，其他砌体一般宜选用中砂。砂的含泥量不应超过 5%。

（3）水：选用不含有害杂质的洁净水。

（4）掺加料（无机掺加料）：包括石灰膏、电石膏、粉煤灰等；严禁使用脱水硬化的石灰膏；电石渣没有乙炔气味后，方可使用；消石灰粉不得直接用于砌筑砂浆中。

（5）外加剂：包括有机塑化剂、引气剂、早强剂、缓凝剂、防冻剂等。

3. 砌筑砂浆的主要技术性质

包括新拌砂浆的密度、和易性、硬化砂浆强度和粘结力、抗冻性、收缩值等指标。

考点 19：普通抹面砂浆、装饰砂浆的特性及应用★●

教材点睛　教材 P33 ～ 34

1. 抹面砂浆（抹灰砂浆）的作用

保护墙体不受风雨、潮气等侵蚀，提高墙体的耐久性；使建筑表面平整、光滑、清洁美观。

2. 抹面砂浆按使用要求分类

可分为普通抹面砂浆、装饰砂浆和特殊功能的抹面砂浆（如防水砂浆、耐酸砂浆、绝热砂浆、吸声砂浆等）。

教材点睛 教材 P33～34（续）

3. 普通抹面砂浆

（1）常用的普通抹面砂浆有：水泥砂浆、水泥石灰砂浆、水泥粉煤灰砂浆、掺塑化剂水泥砂浆、聚合物水泥砂浆、石膏砂浆。

（2）普通抹面砂浆通常分为底层、中层和面层。各层所使用的材料和配合比及施工做法应视基层材料品种、部位及气候环境而定。

（3）普通抹面砂浆要求比砌筑砂浆具有更好的和易性，应适当增加胶凝材料（包括掺合料）的用量。

4. 装饰砂浆

（1）装饰砂浆与普通抹面砂浆的主要区别在面层。装饰砂浆的面层应选用具有一定颜色的胶凝材料和集料，并采用特殊的施工操作方法，以使表面呈现出各种不同的色彩线条和花纹等装饰效果。

（2）装饰砂浆常用材料

1）胶凝材料：有白水泥和彩色水泥，以及石灰、石膏等；

2）细骨料：常用大理石、花岗石等带颜色的细石渣或玻璃、陶瓷碎粒等。

（3）装饰砂浆常用的工艺做法：有水刷石、水磨石、斩假石、拉毛等。

巩固练习

1.【判断题】M15 以上强度等级的砌筑砂浆宜选用 42.5 级通用硅酸盐水泥。（　　）

2.【单选题】下列对于砂浆与水泥的说法中，错误的是（　　）。

A. 根据胶凝材料的不同，建筑砂浆可分为石灰砂浆、水泥砂浆和混合砂浆

B. 水泥属于水硬性胶凝材料，因而只能在潮湿环境与水中凝结、硬化、保持和发展强度

C. 水泥砂浆强度高，耐久性和耐火性好，常用于地下结构或经常受水侵蚀的砌体部位

D. 水泥按其用途和性能可分为通用水泥、专用水泥以及特性水泥

3.【单选题】砂浆强度等级 M5.0 中，5.0 表示（　　）。

A. 抗压强度平均值大于 5.0MPa　　B. 抗压强度平均值小于 5.0MPa

C. 抗折强度平均值大于 5.0MPa　　D. 抗折强度平均值小于 5.0MPa

4.【单选题】下列关于砌筑砂浆的组成材料及其技术要求的说法中，正确的是（　　）。

A. M15 及以下强度等级的砌筑砂浆宜选用 42.5 级通用硅酸盐水泥或砌筑水泥

B. 砌筑砂浆常用的细骨料为普通砂，砂的含泥量不应超过 5%

C. 生石灰熟化成石灰膏时，熟化时间不得少于 7d；磨细生石灰粉的熟化时间不得少于 3d

D. 制作电石膏的电石渣应用孔径不大于 3mm×3mm 的网过滤，检验时应加热至 70℃并保持 60min

5.【单选题】下列关于抹面砂浆分类及应用的说法中，不正确的是（　　）。

A. 常用的普通抹面砂浆有水泥砂浆、水泥石灰砂浆、水泥粉煤灰砂浆、掺塑化剂水

泥砂浆等

B. 为了保证抹灰表面的平整，避免开裂和脱落，抹面砂浆通常分为底层、中层和面层

C. 装饰砂浆与普通抹面砂浆的主要区别在中层和面层

D. 装饰砂浆常用的胶凝材料有白水泥和彩色水泥，以及石灰、石膏等

6.【单选题】砂浆流动性的大小用（　　）表示。

A. 坍落度　　B. 分层度

C. 沉入度　　D. 针入度

7.【单选题】为了便于涂抹，普通抹面砂浆要求比砌筑砂浆具有更好的（　　）。

A. 和易性　　B. 流动性

C. 耐久性　　D. 保水性

8.【多选题】装饰砂浆常用的工艺做法有（　　）。

A. 搓毛　　B. 拉毛

C. 斩假石　　D. 水磨石

E. 水刷石

9.【多选题】装饰砂浆常用的胶凝材料有（　　）。

A. 白水泥　　B. 石灰

C. 硅酸盐水泥　　D. 彩色水泥

E. 石膏

【答案】1. √；2. B；3. A；4. B；5. C；6. C；7. A；8. BCDE；9. ABDE

第三节　建筑装饰石材

考点 20：天然饰面石材的品种、特性及应用●

教材点睛　教材 P34 ～ 35

1. 天然大理石板材：质地较密实、抗压强度较高、吸水率低；易加工、透光性好、色彩丰富、材质细腻。但其抗风化性能较差，一般只用于室内饰面，如墙面、地面、柱面、台面、栏杆、踏步等。

2. 天然花岗石板材

（1）花岗石属于酸性硬石材，构造致密、强度高、密度大、吸水率极低、质地坚硬，耐磨、耐酸、抗风化、耐久性好，使用年限长；但花岗石不耐火。

（2）花岗石板材粗面板和亚光板常用于室外地面、墙面、柱面、基座、台阶等；镜面板主要用于室内外地面、墙面、柱面、台面、台阶等，特别适宜大型公共建筑大厅的地面装饰。

3. 青石板：质地密实，强度中等，易于加工，是理想的建筑装饰材料，常用于建筑物墙裙、地坪铺贴以及庭院栏杆（板）、台阶等。

考点 21：人造装饰石材的种类、特性及应用●

教材点睛　教材 P35 ～ 36

1. 人造石材的特点

质量小、强度高、色泽均匀、耐腐蚀、耐污染、施工方便、品种多样、装饰性能、价格便宜，广泛应用于各种室内外墙面、柱面、室内地面、楼梯面板以及盥洗台面、服务台面的装饰，还可加工成浮雕、艺术品、美术装潢品和陈列品等。

2. 根据所有原材料和制造工艺的不同分为四类

（1）水泥型人造石材

1）材料构成：水泥；天然大理石、花岗岩碎料等；砂。

2）制作工艺：经搅拌、成型、养护、打磨抛光等工序制成。

3）特点：取材方便，价格低廉，但装饰性较差。

4）常见成品：水磨石和各类花阶砖。

（2）树脂型人造石材

1）材料构成：不饱和聚酯、树脂；天然大理石、花岗岩、方解石碎料；固化剂、催化剂、颜料。

2）制作工艺：经搅拌、成型、抛光等工序加工而成。

3）特点：光泽好，色彩鲜艳丰富，可加工性强，装饰效果好。

4）常见成品：人造大理石、人造花岗石、微晶玻璃等。

（3）复合型人造石材

1）制作工艺：先用无机胶结料将填料粘结成型，再将坯体浸渍于有机单体中，在一定条件下聚合而成。

2）特点：造价较低，装饰效果好，但耐久性较差。

（4）烧结型人造石材

1）制作工艺：以长石、石英石、方解石粉和赤铁粉及部分高岭土混合，用泥浆法制坯，半干压法成型后，在窑炉中高温焙烧而成。

2）特点：装饰性好，性能稳定；但能耗大，产品破碎率高，造价高。

巩固练习

1.【判断题】天然大理石板材是高级饰面材料，一般用于室外饰面。（　　）

2.【判断题】花岗石属于酸性硬石材，构造致密、强度高；但花岗石不耐火。（　　）

3.【单选题】青石板质地密实，强度中等，易于加工，是理想的建筑装饰材料，但不常用于（　　）。

A. 地基基础　　B. 建筑物墙裙

C. 地坪铺贴　　D. 庭院栏板

4.【单选题】花岗石板材主要应用于（　　）。

A. 室外台阶　　B. 大型公共建筑室外装饰工程

C. 室外地面装饰工程　　D. 室内地面装饰工程

5.【单选题】目前国内外主要使用的人造石材是（　　）。

A. 水泥型人造石材　　B. 树脂型人造石材

C. 复合型人造石材　　D. 烧结型人造石材

6.【多选题】人造石材根据所用原材料和制造工艺不同，可以分为（　　）。

A. 水泥型人造石材　　B. 石灰型人造石材

C. 树脂型人造石材　　D. 复合型人造石材

E. 烧结型人造石材

【答案】1. ×；2. √；3. A；4. B；5. B；6. ACDE

第四节　建筑装饰木质材料

考点 22：木材的分类、特性及应用

教材点睛　教材 P36

1. 建筑工程中直接使用的木材常有三种形式：原木、板材和枋材。

2. 木材的主要特性：优点是力学性能好，声、热性能好，装饰性能好，可加工性好；缺点是不耐腐、不抗蛀蚀、易变形、易燃烧、有木节和斜纹理等。通常需要进行防腐、阻燃、塑合等处理。

3. 木材的用途：① 作为结构材料用于结构物的梁、板、柱、拱；② 作为装饰材料用于装饰工程中的门窗、顶棚、护壁板、栏杆、龙骨等。

考点 23：人造板材的品种、特性及应用●

教材点睛　教材 P36 ～ 37

1. 人造板的优点：幅面大，结构性好，施工方便，膨胀收缩率低，尺寸稳定，材质较锯材均匀，不易变形开裂。

2. 人造板材的缺点：胶层会老化，长期承载能力差，使用期限比锯材短得多，存在一定的有机物污染。

3. 常用人造板材的类型

（1）细木工板（大芯板）：具有较高的硬度和强度，质轻、耐久、易加工的特点；适用于家具制造和建筑装饰装修。

（2）胶合板：具有材质均匀、强度高、幅面大，兼具木纹真实、自然的特点；广

教材点睛 教材 P36～37（续）

泛用作室内护壁板、顶棚板、门框、面板的装修及家具制作。

（3）纤维板：优点是材质构造均匀，各项强度一致，弯曲强度较大，耐磨，不腐朽，无木节、虫眼等缺陷，并具有一定的绝缘性能。缺点是背面有网纹，两面表面积不等，易翘曲变形；表面坚硬，钉钉子困难，耐水性差。硬质纤维板和中密度纤维板一般用作隔墙、地面、家具等。软质纤维板质轻多孔，为隔热吸声材料，多用于吊顶。

（4）刨花板、木丝板、木屑板：表观密度较小，强度较低，主要用作绝热和吸声材料，且不宜用于潮湿处。其表面粘贴塑料贴面或胶合板作饰面层后可用作吊顶、隔墙、家具等。

考点 24：木制品的品种、特性及应用●

教材点睛 教材 P37～39

1. 条木地板：自重小，弹性好，脚感舒适，其导热性好，冬暖夏凉；分为空铺和实铺两种；适用于办公室、会客室、旅馆客房、卧室等场所。

2. 拼花木地板：具有极佳的装饰效果；分为双层和单层两种；适合宾馆、会议室、办公室、疗养院、托儿所、体育馆、舞厅、酒吧、民用住宅等的地面装饰。

3. 强化复合木地板

（1）优点：耐磨性好、经久耐用；有较大强度、耐冲击性好、较好的弹性；耐污染腐蚀、抗紫外线、耐香烟灼烧、耐擦洗性能均优于实木地板；规格尺寸大，安装简捷；无须上漆打蜡，维护简便，使用成本低。

（2）构造为三层复合：表层为含有耐磨材料的三聚氰胺树脂浸渍装饰纸，芯层为中、高密度纤维板或刨花板，底层为浸渍酚醛树脂的平衡纸。

（3）适用于办公室、会议室、商场、展览厅、民用住宅等的地面装饰。

4. 木线：在室内装饰中起固定、连接、加强装饰效果的作用。

巩固练习

1.【判断题】建筑工程中直接使用的木材常见的三种形式是原木、板材和枋材。（ ）

2.【判断题】强化复合木地板耐磨性好、经久耐用。（ ）

3.【单选题】下列（ ）多用于顶棚。

A. 细木工板 B. 胶合板

C. 硬质纤维板 D. 软质纤维板

4.【单选题】下列木质人造板材中，（ ）表面有天然木纹。

A. 胶合板 B. 纤维板

C. 刨花板　　　　　　　　　　　　　　D. 木屑板

5.【单选题】强化复合木地板构造为三层复合，芯层为（　　）。

A. 含有耐磨材料的三聚氰胺树脂浸渍装饰纸

B. 中、高密度纤维板或刨花板

C. 细工木板或胶合板

D. 浸渍酚醛树脂的平衡纸

6.【多选题】木材的优点有（　　）。

A. 力学性能好　　　　　　　　　　　　B. 声、热性能好

C. 装饰性能好　　　　　　　　　　　　D. 可加工性能好

E. 耐腐蚀性能好

7.【多选题】与锯材相比，下列关于人造板材的优点说法中，错误的是（　　）。

A. 幅面大，结构性好，施工方便

B. 膨胀收缩率小，尺寸稳定

C. 材质较锯材均匀，不易变形开裂

D. 长期承载能力好

E. 使用期限比锯材长得多

【答案】1. √；2. √；3. D；4. A；5. B；6. ABCD；7. DE

第五节　建筑装饰金属材料

考点 25：建筑装饰用钢型材的主要品种、特性及应用●

教材点睛　教材 P39 ～ 41

1. 钢材：普遍具有品质均匀、性能可靠、强度高、抗压、抗拉、抗冲击和耐疲劳等特性和一定的塑形、韧性等优点，以及可焊接、铆接或螺栓连接，可切割和弯曲等易于加工的性能。

2. 圆钢管：规格用直径表示；主要用于电线套管、水管等。

3. 方、矩形钢管：截面为正方形或矩形；主要用于钢骨架、铁艺门窗、家具金属结构等。

4. 角钢：分为等边角钢和不等边角钢两种；广泛用于各类装饰基础支架构件。

5. 工字钢：截面为工字形的长条钢材；广泛用于建筑结构构件、装饰基础构件及厂房、桥梁等。

6. 槽钢：截面为 U 形的长条钢材；主要用于装饰结构边骨、其他装饰基础构件等。

7. H 型钢：属于高效经济截面型材；能使钢材更好地发挥效能，提高承载能力，H 型钢在很多施工领域逐渐取代了工字钢。

考点 26：铝合金装饰材料的主要品种、特性及应用●

教材点睛 教材 P41 ～ 43

1. 铝、铝合金的特性及分类

（1）纯铝：银白色的轻金属；具有密度小、熔点低（660℃）、塑性高、强度低、导电性和导热性好等特点。

（2）铝合金：保持了铝质量轻的特性，机械性能明显提高，耐腐蚀性和低温变脆性得到较大改善；主要缺点是弹性模量小、热膨胀系数大、耐热性差、焊接需采用惰性气体保护焊等焊接技术。

（3）根据成分和工艺的特点，铝合金可分为形变铝合金（或称为压力加工铝合金）和铸造铝合金两大类。

2. 铝合金制品

（1）铝合金门窗

1）特点：质量轻，气密性、水密性、隔热性和隔声性好，色泽美观、使用维修方便、便于工业化生产等。

2）按其结构与开启方式分为推拉窗（门）、平开窗（门）、固定窗、悬挂窗、回转窗（门）、百叶窗、纱窗等。

（2）铝合金装饰板

1）特点：质量轻、不燃烧、耐久性好、施工方便、装饰效果好等。

2）常见类型：① 铝合金花纹板及浅花纹板，用于现代建筑墙面装饰及楼梯、踏板等处。② 铝合金压型板，适用于作工程的围护结构（墙面和屋面）。③ 铝合金穿孔平板，主要用于具有消声要求的各类建筑。④ 铝合金波纹板，主要用于墙面装饰，也可用作屋面。⑤ 铝合金龙骨，广泛用于各种民用建筑及吸声顶棚的吊顶构件。

考点 27：不锈钢装饰材料的主要品种、特性及应用●

教材点睛 教材 P43 ～ 44

1. 不锈钢

属于合金钢中的特殊性能钢；其表面有无光泽和高度抛光发亮两种；通过化学浸渍着色处理，可制得各种彩色不锈钢，既保持了不锈钢原有的优良耐蚀性能，又进一步提高了其装饰效果。

2. 不锈钢装饰板材

（1）按其表面不同分为：镜面板、磨砂板、喷砂板、蚀刻板、压花板和复合板（组合板）等。

（2）特点：耐火、耐潮、耐腐蚀，不会变形和破碎，色彩绚丽、雍容华贵，彩色面层经久不褪色，色泽随光照角度不同会产生色调变幻，安装施工方便。

教材点睛 教材 P43 ～ 44（续）

（3）适用范围：可用于高级宾馆、饭店、舞厅、会议厅、展览馆、影剧院等的墙面、柱面、顶棚面、造型面以及门面、门厅等装饰。

3. 不锈钢管材

（1）不锈钢管材分为无缝管和焊接管（有缝管）两大类。按断面形状又可分为圆管和异形管。

（2）不锈钢管材一般用于门窗配件、厨房设备、卫生间配件、高档家具、楼梯扶手、栏杆等。

4. 不锈钢线材

主要有角形线和槽形线两类，具有高强、耐腐蚀、表面光洁如镜、耐水、耐擦、耐气候变化等特点。用于各种装饰面的压边线、收口线、柱角压线等处。

巩固练习

1.【判断题】主要用于电线套管、水管等的钢型材为方、矩形钢管。（　　）

2.【判断题】当钢中加入足够量的铬（Cr）元素时，就成为不锈钢。（　　）

3.【单选题】钢型材中，（　　）与工字钢的界面相似，但翼缘更宽。

A. 等边角钢　　B. 不等边角钢

C. 槽钢　　D. H 型钢

4.【单选题】防锈铝合金属于（　　）。

A. 二元合金　　B. 三元合金

C. 形变铝合金　　D. 铸造铝合金

5.【单选题】不锈钢管材按断面形状可分为（　　）。

A. 方管和异形管　　B. 无缝管和焊接管

C. 套管和内管　　D. 圆管和异形管

6.【多选题】下列关于不锈钢装饰材料的特性说法中，错误的是（　　）。

A. 不锈钢板耐火、耐潮、耐腐蚀

B. 彩色不锈钢板彩色层面经久不褪色

C. 彩色不锈钢保持了不锈钢的优良耐腐蚀性能

D. 不锈钢管材是圆形管

E. 不锈钢线材有方形、矩形、半圆形、六角形等

【答案】1. ×；2. √；3. D；4. C；5. D；6. DE

第六节　建筑陶瓷与玻璃

考点 28：常用建筑陶瓷制品的种类、特性及应用★●

教材点睛　教材 P44～45

1. 按陶瓷制品的烧结程度分为：陶质、瓷质和炻质三大类。

2. 常用建筑陶瓷制品：陶瓷砖、陶瓷锦砖、琉璃制品和卫生陶瓷。

（1）陶瓷砖：是用于建筑物墙面、地面的陶质、炻质和瓷质饰面砖的总称。

1）地砖大多为低吸水率砖。主要特征是硬度大、耐磨性好、胎体较厚、强度较高、耐污染性好。主要品种有各类瓷质砖（施釉、不施釉、抛光、渗花砖等）、彩色釉面砖、红地砖、霹雳砖等。其中抛光砖生产过程能源消耗高，噪声污染严重，不属于绿色产品。

2）建筑物外墙砖按表面分为无釉和有釉两种。陶瓷外墙砖的主要品种为彩色釉面砖，寒冷地区应选用低吸水率砖。

3）陶质砖主要用作厨房、卫生间、浴室等内墙面的装饰与保护，但不宜用于室外。

（2）陶瓷锦砖（马赛克）：分为无釉和有釉两种；主要用于洁净车间、化验室、浴室等室内地面铺贴以及高级建筑物的外墙装饰。

（3）琉璃制品：表面光滑、色彩绚丽、造型古朴、坚实耐久和富有民族特色；主要产品有琉璃瓦、琉璃砖、琉璃兽、琉璃花窗和栏杆等。

（4）卫生陶瓷：主要用于浴室、盥洗室、厕所等处。

3. 新型建筑陶瓷制品：渗水多孔砖、保温多孔砖、变色釉面砖、抗菌陶瓷砖和抗静电陶瓷砖。

4. 墙地砖选用要求：满足装饰效果，尽量选用吸水率低、尺寸稳定性好的产品。

考点 29：建筑玻璃的特性及应用★●

教材点睛　教材 P45～48

1. 平板玻璃

具有良好的透视、透光、隔声、保温性能；是典型的脆性材料，抗拉强度远小于抗压强度；有较高的化学稳定性；热稳定性较差，急冷急热，易发生炸裂。主要应用于建筑用平板玻璃（含加工玻璃）和汽车用玻璃；或作为钢化、夹层、镀膜、中空等深加工玻璃的原片。

2. 安全玻璃

（1）钢化玻璃：用于高层建筑物的门窗、幕墙、隔墙、桌面玻璃、炉门上的观察窗以及汽车风挡、电视屏幕等。按钢化原理不同分为物理钢化和化学钢化两种。玻璃破碎时形成圆滑微粒，不易伤人。

教材点睛 教材 P45～48（续）

（2）夹丝玻璃：适用于公共建筑的阳台、楼梯、电梯间、走廊、厂房天窗和各种采光屋顶。具有耐冲击性和耐热性好，防火、防盗的功能。

（3）夹层玻璃（防弹玻璃）：抗冲击性能强，耐久、耐热、耐湿、耐寒和隔声等性能好，适用于有特殊安全要求的建筑物的门窗、隔墙，工业厂房的天窗和某些水下工程等。

3. 节能玻璃

（1）吸热玻璃：能吸收大量红外线辐射能并保持较高可见光透过率。广泛用于建筑物的门窗、外墙、室内装饰隔断以及用作车、船挡风玻璃等，起隔热、防眩、采光及装饰等作用。

（2）热反射玻璃（镜面玻璃）：具有较高的热反射能力且又保持良好的透光性。主要用于有绝热要求的建筑物门窗、玻璃幕墙、汽车和轮船的玻璃等。

（3）中空玻璃：具有良好的绝热、隔声效果，而且露点低、自重小；适用于需要供暖、制冷、防止噪声、防止结露以及需要无直射阳光和特殊光的建筑物。

4. 装饰玻璃有板材和砖材之分

主要品种有彩色玻璃、玻璃贴面砖、玻璃锦砖、压花玻璃、磨砂玻璃等。新型品种有激光玻璃、微晶玻璃、智能调光玻璃等。

5. 玻璃砖

它具有透光不透视、保温隔声、密封性强、不透灰、不结露、能短期隔断火焰、抗压耐磨、光洁明亮、图案精美、化学稳定性强等特点；分为实心和空心（单腔和双腔）两类；可用于砌筑透光屋面、非承重结构外墙、内墙、门厅、通道及浴室等隔断，特别适用于宾馆、展览厅馆、体育场馆等高级建筑。

巩固练习

1.【判断题】陶瓷制品按烧结程度分为陶质、瓷质和炻质三大类。（　　）

2.【判断题】抛光砖生产过程能源消耗高，噪声污染严重，不属于绿色产品。（　　）

3.【判断题】装饰玻璃有板材和砖材之分。（　　）

4.【单选题】琉璃主要产品不包括（　　）。

A. 琉璃瓦　　B. 琉璃花窗

C. 琉璃砖　　D. 琉璃地砖

5.【单选题】陶瓷地砖大多为低吸水率砖，主要特征不包括（　　）。

A. 硬度大　　B. 耐磨性好

C. 胎体较薄　　D. 耐污染性好

6.【单选题】不属于新型建筑陶瓷制品的是（　　）。

A. 保温多孔砖　　B. 隔水多孔砖

C. 变色釉面砖　　D. 抗静电陶瓷砖

7.【单选题】热反射玻璃主要用于有（　　）要求的建筑物门窗、玻璃幕墙等的玻璃。

A. 绝热　　B. 透光不透视

C. 露点低　　D. 防眩

8.【单选题】下列不属于安全玻璃的是（　　）。

A. 钢化玻璃　　B. 平板玻璃

C. 夹层玻璃　　D. 夹丝玻璃

9.【多选题】建筑陶瓷制品最常用的有（　　）。

A. 陶瓷砖　　B. 陶瓷锦砖

C. 琉璃制品　　D. 玻璃制品

E. 卫生陶瓷

10.【多选题】下列属于节能玻璃的是（　　）。

A. 吸热玻璃　　B. 热反射玻璃

C. 钢化玻璃　　D. 夹丝玻璃

E. 中空玻璃

11.【多选题】中空玻璃是将两片或多片平板玻璃相互间隔 12cm 镶于边框中，且四周加以密封，间隔空腔充填（　　），以获得良好的隔热效果。

A. 干燥空气　　B. 还原气体

C. 惰性气体　　D. 真空

E. 氧气

12.【多选题】具有透光不透视特点的玻璃有（　　）。

A. 彩色玻璃　　B. 压花玻璃

C. 磨砂玻璃　　D. 吸热玻璃

E. 玻璃砖

【答案】1. √；2. √；3. √；4. D；5. C；6. B；7. A；8. B；9. ABCE；10. ABE；11. AC；12. BCE

第七节　建筑装饰涂料与塑料制品

考点 30：建筑装饰涂料的主要品种、特性及应用●

教材点睛　教材 P48 ～ 50

1. 内墙涂料

（1）水溶性内墙涂料：耐水性、耐刷洗性、附着力不好，涂膜经不起雨水冲刷和冷热交替，803 涂料中残留的游离甲醛对人体、环境和施工时的劳动保护都有不利影响。

（2）合成树脂乳液内墙涂料（乳胶漆）：具有耐水、耐洗刷、耐腐蚀和耐久性好

教材点睛　教材 P48 ～ 50（续）

的特点。

（3）溶剂型内墙涂料：光洁度好，易于冲洗，耐久性好，但透气性差，易结露，多用于厅堂、走廊等处。

（4）内墙粉末涂料：具有不起壳、不掉粉、价格低、使用方便等特点。加入功能性组分可制成具有净化空气、调湿和抗菌功能的涂料。

（5）多彩内墙涂料：涂层色泽丰富，富有立体感，装饰效果好；涂膜质地厚，有弹性，类似壁纸，整体感好；耐油、耐水、耐腐蚀、耐洗刷、耐久性好；具有较好的透气性。

2. 外墙涂料

（1）丙烯酸酯乳胶漆：具有优良的耐热性、耐候性、耐腐蚀性、耐沾污性，附着力高，保色保光性好；但硬度、抗污染性、耐溶剂性等较弱。在实际工程中广泛使用。

（2）聚氨酯系列外墙涂料：有优良的耐酸碱性、耐水性、耐老化性、耐高温性，涂膜光泽度好，呈瓷质感。

（3）彩色砂壁状外墙涂料：具有丰富的色彩和质感，保色性、耐水性、耐候性好，使用寿命达 10 年以上。

（4）水乳型合成树脂乳液外墙涂料：施工方便，涂膜透气性好，不易燃，环境污染小，对人体毒性小。

（5）氟碳涂料：具有许多独特的性质，如超耐气候老化性、超耐化学腐蚀性等。

3. 地面涂料

具有优良的耐磨性、耐碱性、耐水性和抗冲击性。

考点 31：建筑装饰塑料制品的主要品种、特性及应用●

教材点睛　教材 P50 ～ 52

1. 塑料墙纸和墙布的特点

装饰效果好；性能优越；适合大规模生产；粘贴施工方便；使用寿命长、易维修保养，易于更换；塑料墙纸具有一定的伸缩性，抗裂性较好，表面可擦洗，对酸碱有较强的抵抗能力。

2. 塑料装饰板的特点

轻质、高强、隔声、透光、防火、可弯曲、安装方便；耐久性能好，保养简单，易于清洁，维护费用较低。

3. 常用的塑料装饰板

（1）硬质 PVC 装饰板：可分为波纹板、异形板和格子板；可用作护墙板和屋面板以及室内装饰板。

（2）塑料贴面板（防火板）：具有较高的耐热性、耐湿性，吸水率小，表面硬度

教材点睛 教材 P50～52（续）

较高，耐污染等特点，用途非常广泛，在建筑上常用作装饰层压板。

（3）塑料金属复合板

1）钢塑复合板：在建筑上的应用主要是加工成波编纹板，作为外墙围护墙板和屋面板，特别适用于工业建筑、仓库等大型建筑物。

2）铝塑复合板（铝塑板）：质量轻，坚固耐久，机械性能好，装饰性好，耐候性好；可锯、铆、刨（侧边）、钻、冷弯、冷折等，易加工、易组装、易维修、易保养等。

4. 塑料地板

具有质量轻、尺寸稳定、施工方便、经久耐用、脚感舒适、色泽艳丽美观、耐磨、耐油、耐腐蚀、防火、隔声及隔热等优点。

5. 树脂印花胶合板

其耐水防潮性、刚性、耐磨性能优良，比天然木地板具有更好的质感和外观，施工简单。

6. 塑钢门窗型材

可在 PVC 塑料中空异型材内安装金属衬筋，采用热焊接和机械连接制成塑钢门窗。塑钢门窗有良好的隔热性、气密性、耐候性、耐腐蚀性，有明显的节能效果，而且不必涂油漆，可加工性好。

巩固练习

1.【判断题】地面涂料应具有优良的耐磨性、耐碱性、耐水性和抗冲击性。（　　）

2.【单选题】塑钢门窗是在 PVC 塑料中空异形材内安装金属衬筋，具有的性能不包括（　　）。

A. 隔热性　　B. 气密性

C. 耐候性　　D. 耐火性

3.【多选题】建筑涂料种类繁多，按主要成膜物质的性质可分为（　　）。

A. 有机涂料　　B. 无机涂料

C. 有机—无机复合涂料　　D. 溶剂型涂料

E. 水溶性涂料

4.【多选题】属于塑料墙纸和墙布特点的是（　　）。

A. 装饰效果好　　B. 性能优越

C. 适用于工业建筑　　D. 粘贴施工方便

E. 适合大规模生产

【答案】1. √；2. D；3. ABC；4. ABDE

第三章　装饰工程识图

第一节　施工图的基本知识

考点 32：施工图基本知识●

教材点睛　教材 P53 ～ 73

1. 房屋建筑施工图的组成及作用

（1）建筑施工图的组成及作用：由建筑设计说明、建筑总平面图、平面图、立面图、剖面图及建筑详图等组成。平面图、立面图和剖面图简称“平、立、剖”，是建筑施工图中最重要、最基本的图样。

（2）结构施工图的组成及作用：由结构设计说明、结构平面布置图和结构详图三部分，是施工放线、开挖基坑（槽），施工承重构件（如梁、板、柱、墙、基础、楼梯等）的主要依据。

（3）设备施工图的组成及作用：分为水施图、暖施图、电施图；各专业图纸包括设计说明、设备的布置平面图、系统图等内容。主要表达房屋给水排水、供电照明、供暖通风、空调、燃气等设备的布置和施工要求等。

（4）装饰施工图的组成及作用：主要表达室内设施的平面布置，以及地面、墙面、顶棚的造型、细部构造、装饰材料与做法等内容，是用于指导装饰施工、造价管理、工程监理等工作的主要技术文件。

2. 房屋建筑施工图的图示特点

（1）施工图中的各图样用正投影法绘制。

（2）施工图一般都用较小比例绘制，其中节点、剖面等部位，采用较大比例绘制。

（3）房屋建筑的构配件和材料种类繁多，一般采用国家标准系列图例表示，以减少设计工作量。

（4）房屋建筑施工图与建筑装饰施工图的区别

1）装饰施工图可绘制透视图、轴测图等辅助表达。

2）装饰施工图受业主的影响大。

3）装饰施工图具有易识别性。

4）装饰施工图图例繁杂。

5）装饰施工图详图多，必要时应提供材料样板。

3. 建筑装饰制图相关规定【P55～73】

巩固练习

1.【判断题】建筑施工图一般包括建筑设计说明、建筑总平面图、平面图、立面图、剖面图及建筑详图等。 ( )

2.【判断题】标注坡度时，在坡度数字下应加注坡度符号，坡度符号为单面双箭头，一般指向上坡方向。 ( )

3.【判断题】建筑物一般以室外地坪作为装饰装修相对标高的零点。 ( )

4.【判断题】详图符号中，上半圆中注明的是详图的编号，下半圆中注明的是被索引图纸的编号。 ( )

5.【单选题】按照内容和作用不同，下列不属于房屋建筑施工图的是（ ）。

A. 建筑施工图　　B. 结构施工图

C. 设备施工图　　D. 系统施工图

6.【单选题】下列关于建筑施工图的作用的说法中，错误的是（ ）。

A. 建筑施工图是规划设计水、暖、电等专业总平面图及施工总平面图设计的依据

B. 建筑平面图主要用来表达房屋平面布置的情况，是备料、放线、砌墙、安装门窗及编制概预算的依据

C. 建造房屋时，建筑施工图主要作为定位放线、砌筑墙体、安装门窗、装修的依据

D. 建筑剖面图是施工、编制概预算及备料的重要依据

7.【单选题】下列关于结构施工图的作用的说法中，错误的是（ ）。

A. 结构施工图是施工放线、开挖基坑（槽），施工承重构件的主要依据

B. 结构立面布置图是表示房屋中各承重构件总体立面布置的图样

C. 结构设计说明是带全局性的文字说明

D. 结构详图一般包括梁、柱、板及基础结构详图，楼梯结构详图，屋架结构详图，其他详图

8.【单选题】下列选项中，不属于设备施工图的是（ ）。

A. 给水排水施工图　　B. 供暖通风与空调施工图

C. 设备详图　　D. 电气设备施工图

9.【单选题】下列关于房屋建筑施工图的图示特点和制图有关规定的说法中，错误的是（ ）。

A. 施工图一般都用较小比例绘制，但对于需要表达清楚的节点可以选择用原尺寸的详图来绘制

B. 在图纸幅面允许时，最好将平面图、立面图、剖面图画在同一张图纸上，以便阅读

C. 构件代号以构件名称的汉语拼音的第一个字母表示，如 B 表示板，WB 表示屋面板

D. 普通砖使用的图例可以用来表示实心砖、多孔砖、砌块等砌体

10.【多选题】图样上的尺寸包括（ ）。

A. 尺寸界线　　B. 尺寸线

C. 尺寸起止符号　　D. 轮廓线

E. 尺寸数字

11.【多选题】细波浪线应用在（　　）。

A. 不需要画全的断开界线　　B. 运动轨迹线

C. 剖面图需要的辅助线　　D. 构造层次的断开界线

E. 曲线形构件断开界线

12.【多选题】下列关于装饰图纸的描述中，正确的是（　　）。

A. 详图与被索引出的图样不在同一张图时，在详图符号的上半圆中注明详图编号，下半圆中注明被索引图纸编号

B. 施工图中剖视的剖切符号用粗实线表示，由剖切位置线和投射方向线组成

C. 标高一律以毫米为单位

D. 我国把渤海海平面作为零点所测定的高度尺寸称为绝对标高

E. 图样标注中，轮廓线可以作为尺寸界线来标注

【答案】1. √；2. ×；3. ×；4. √；5. D；6. A；7. B；8. C；9. A；10. ABCE；11. ADE；12. ABE

第二节　装饰施工图的图示方法及内容

考点 33：装修施工图图示方法及内容★●

教材点睛　教材 P73 ～ 81

1. 装饰平面布置图

（1）图示方法：装饰平面布置图是在略高于窗台的位置，将房屋整个剖开，向下所作的水平投影图；图中剖切到的构件用粗线绘制，看到的用细线绘制；图中门窗的平面形式按图例表示，注明设计编号；各种室内陈设品（如家具、厨具、洁具、家电、灯饰、绿化、装饰构件等）用图例表示。

（2）图示内容包括：图形部分（建筑主体结构；各功能空间内家具、家电平面形状和位置；厨房、卫生间内主要部件的形状和位置；隔断、绿化、装饰构件、装饰小品等的布置）；尺寸标注（建筑主体结构的开间和进深等尺寸、主要的装修尺寸）；装修要求等文字说明；装饰视图符号。

2. 地面铺装图

（1）图示方法：在装饰平面布置图的基础上，把地面装饰独立出来而绘制的图样。

（2）图示内容：地面的平面形状与尺寸及与结构的关系；按比例用细实线画出该形式的材料规格、铺装和构造分格线等，并标明其材料品种和工艺要求；标明地面的具体标高和收口索引。

3. 顶棚平面图

（1）图示方法：在装饰平面布置图的基础上，采用镜像投影法把顶棚装饰独立出

教材点睛 教材 P73 ~ 81（续）

来而绘制的图样。

（2）图示内容：顶棚的装饰造型的平面形状、尺寸和标高，以及与结构的关系；文字说明；标明顶部灯具、空调口、消防等电器部件的种类、式样、规格、数量及布置形式和安装位置等。

4. 装饰立面图

（1）图示方法：主要反映墙柱面装饰装修情况。

（2）图示内容：墙柱面造型的轮廓线、壁灯、装饰件等；吊顶及吊顶以上的主体结构；墙柱面的饰面材料和涂料的名称、规格、颜色、工艺说明等；尺寸标注；详图索引、剖面、断面等符号标注；立面图两端墙柱体的定位轴线、编号。

5. 装饰详图

（1）按照隶属关系分为：功能房间大样图、装饰构配件详图、装饰节点详图等多个层次。

（2）按照详图的部位分为：地面构造装饰详图；墙面构造装饰详图；隔断装饰详图；吊顶装饰详图；门、窗装饰构造详图；按需要绘制的其他详图。

第三节 装饰施工图的绘制与识读

考点 34：装饰施工图绘制的步骤与方法●

教材点睛 教材 P81 ~ 82

1. 装饰平面布置图的绘制

（1）绘制步骤：选比例、定图幅→画出建筑主体结构→画出家具、厨房设备、卫生间洁具、电气设备、隔断、装饰构件等的布置→标注尺寸、剖面符号、详图索引符号、图例名称、文字说明等→画出地面的拼花造型图案、绿化等→描粗、整理图线。

（2）绘制要点：墙、柱用粗实线绘制；门窗、楼梯、装饰轮廓线等用中实线绘制；地面拼花等次要轮廓线用细实线绘制。

2. 地面铺装图的绘制

（1）绘制步骤：选比例、定图幅→画出建筑主体结构→地面材料拼装分格线→标注尺寸、剖面符号、详图索引符号、图例名称、文字说明等→描粗、整理图线。

（2）绘制要点：墙、柱用粗实线绘制，门窗、楼梯、装饰轮廓线等用中实线绘制；地面拼花分割线等用细实线绘制。

3. 顶棚平面图的绘制

（1）绘制步骤：选比例、定图幅→画出建筑主体结构→画出顶棚的造型、灯饰及各种设施的轮廓线→标注尺寸、剖面符号、详图索引符号、图例名称、文字说明等→

教材点睛 教材 P81～82（续）

描粗、整理图线。

（2）绘制要点：门窗洞不画或用虚线表示位置；顶棚的藻井、灯饰等主要造型轮廓线用中实线绘制；顶棚的装饰线、面板的拼装分格等次要的轮廓线用细实线绘制。

4. 装饰立面图的绘制

（1）绘制步骤：选比例、定图幅→画出墙面的主要造型轮廓线→画出墙面的次要轮廓线→标注尺寸、剖面符号、详图索引符号、图例名称、文字说明等→描粗、整理图线。

（2）绘制要点：建筑结构梁、板、墙用粗实线绘制；墙面主要造型轮廓线用中实线绘制；次要的轮廓线用细实线绘制。

5. 装饰详图的绘制

（1）绘制步骤：选比例、定图幅→画出精品柜结构的主要轮廓线→画出精品柜结构的次要轮廓线→标注尺寸、文字说明等→描粗整理图线。

（2）绘制要点：建筑结构墙、梁、板等用粗实线绘制；主要造型轮廓线用中实线绘制，次要轮廓线用细实线绘制。

考点 35：装饰施工图识读的步骤与方法●

教材点睛 教材 P82～84

1. 装饰施工图识读的一般步骤与方法

（1）装饰施工图识读方法：总揽全局；循序渐进；相互对照；重点细读。

（2）装饰施工图识读步骤：阅读图纸目录→阅读施工工艺说明→通读图纸→精读图纸。

2. 各图样识读的具体方法和步骤

（1）装饰平面布置图识读

1）识读步骤：看图名、比例、标题栏→建筑平面基本结构及其尺寸→装饰结构和装饰设置等→文字说明、内视符号、剖切符号、索引符号等。

2）识读要点：了解各房间和其他空间主要功能的，明确设备与设施的种类、规格和数量；了解各装饰面对材料规格、品种、色彩和工艺的要求，明确各装饰面的结构材料与饰面材料的衔接关系与固定方式；并注意区分定位尺寸、外形尺寸和结构尺寸。

（2）地面铺装图识读：① 看大面材料；② 看工艺做法；③ 看质地、图案、花纹、色彩、标高；④ 看造型及起始位置，确定定位放线的可能性，实际操作的可能性。

（3）顶棚平面图识读：看清顶棚平面图与平面布置图各部分的对应关系，对于有跌级变化的顶棚，要看清标高和尺寸，结合造型平面分区，建立三维空间的尺度概念；了解顶部灯具和设备设施的规格、品种与数量；了解顶棚所用材料的规格、品种及其施工要求。

教材点睛 教材 P82 ～ 84（续）

（4）装饰立面图识读：根据图中不同线型的含义以及各部分尺寸和标高，分清立面上各种装饰造型的凹凸起伏变化和转折关系，分清每个立面上有几种不同的装饰面，以及这些装饰面所选用的材料与施工工艺要求。

（5）装饰详图的识读：① 看图名和比例；② 看详图的出处；③ 看详图的系统组成；④ 看构造做法、构造层次、构造说明及构造尺度。

巩固练习

1.【判断题】装饰施工图绘制总平面布置图常用比例为 1∶200～1∶100。（　　）

2.【判断题】装饰平面布置图的平面形式主要用图例表示。（　　）

3.【判断题】建筑主体结构（如墙、柱、门、窗等）的平面图，比例为 1∶50 或大于 1∶50 时，应用细实线画出墙身饰面材料轮廓线。（　　）

4.【判断题】装饰立面图的最外轮廓线用细实线表示。（　　）

5.【单选题】下列关于常用家具图例对应错误的是（　　）。

A. 单人沙发 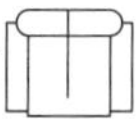　　B. 躺椅

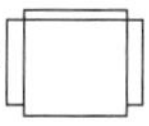

C. 办公桌 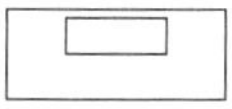　　D. 衣柜

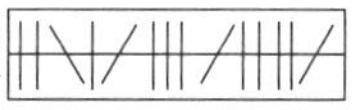

6.【单选题】下列关于常用灯光照明图例对应错误的是（　　）。

A. 吸顶灯 　　B. 射灯

C. 台灯 　　D. 壁灯

7.【单选题】房屋建筑室内装饰装修构造详图中的一般轮廓线选用线型为（　　）。

A. 粗实线　　B. 中实线

C. 细实线　　D. 中虚线

8.【单选题】顶棚平面图也称天花板平面图，是采用（　　）而成。

A. 水平投影法　　B. 垂直投影法

C. 镜像投影法　　D. 剖面投影法

9.【单选题】室内装饰立面图按照（　　）法绘制。

A. 正投影　　B. 斜投影

C. 俯视　　D. 镜像投影

10.【单选题】识读装饰施工图的一般顺序正确的是（　　）。

A. 阅读图纸目录→阅读装饰装修施工工艺说明→通读图纸→精读图纸

B. 阅读装饰装修施工工艺说明→阅读图纸目录→通读图纸→精读图纸

C. 通读图纸→阅读图纸目录→阅读装饰装修施工工艺说明→精读图纸

D. 阅读图纸目录→通读图纸→阅读装饰装修施工工艺说明→精读图纸

11.【单选题】根据投影关系、构造特点和图纸顺序，（　　）反复阅读。

A. 总揽全局　　B. 循序渐进

C. 相互对照　　　　　　　　　　　　　D. 重点细读

12.【多选题】下列建筑装饰施工图中被称为基本图的有（　　）。

A. 装饰装修施工工艺说明　　　　　　　B. 装饰平面布置图

C. 楼地面装修平面图　　　　　　　　　D. 顶棚平面图

E. 节点详图

13.【多选题】下列关于建筑装饰图的编排顺序原则描述中，正确的是（　　）。

A. 表现性图样在前，技术性图样在后

B. 装饰施工图在前，配套设备施工图在后

C. 基本图在前，详图在后

D. 先施工的在前，后施工的在后

E. 成品施工图在前，半成品施工图在后

14.【多选题】下列说法中属于地面铺装图示内容的是（　　）。

A. 建筑平面基本结构和尺寸　　　　　　B. 地面绿化形式和位置

C. 室内外地面的平面形状和位置　　　　D. 装饰结构与地面布置的尺寸标注

E. 必要的文字说明

15.【多选题】下列（　　）属于按照详图的部位分类的装饰详图。

A. 地面构造装饰详图　　　　　　　　　B. 断面装饰详图

C. 节点详图　　　　　　　　　　　　　D. 墙面构造装饰详图

E. 顶棚装饰详图

【答案】1. √；2. √；3. √；4. ×；5. B；6. C；7. B；8. C；9. A；10. A；11. B；12. AB；13. ABCD；14. ACDE；15. ABDE

第四章　建筑装饰施工技术

第一节　抹 灰 工 程

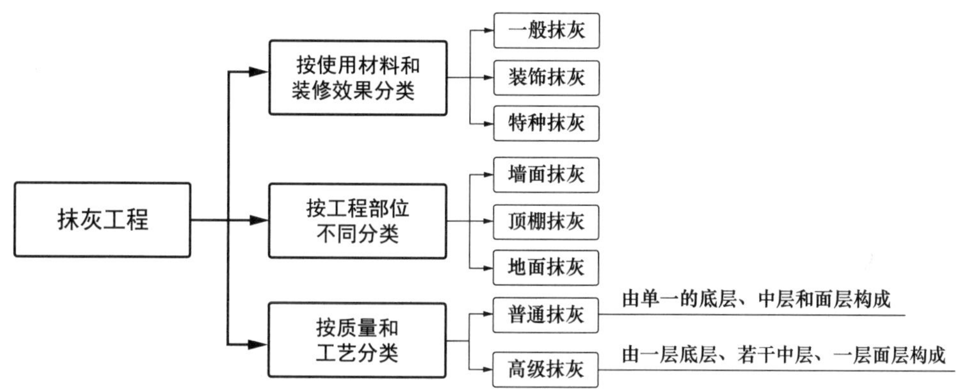

考点 36：内墙抹灰施工工艺●

教材点睛　教材 P85 ～ 86

1. 施工工艺流程

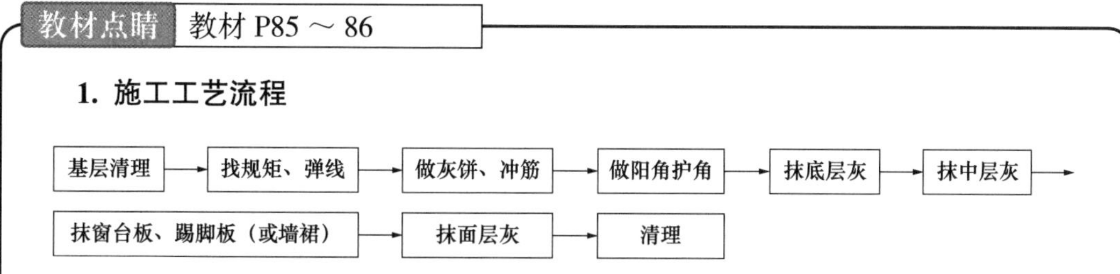

2. 施工要点

（1）基层清理：清扫墙面上浮灰污物，检查门窗洞口位置尺寸，打凿补平墙面，浇水润湿基层。

（2）找规矩、弹线：四角规方、横线找平、立线吊直、弹出准线、墙裙线、踢脚线。

（3）做灰饼、冲筋：用与抹灰材料相同的砂浆做灰饼和冲筋，控制抹灰层厚度和平整度。

（4）做阳角护角：采用 1∶2 水泥砂浆做暗护角，高度不小于 2m，每侧宽度不小于 50mm。

（5）抹底层灰：基层为混凝土时，抹灰前应刮素水泥浆一道；加气混凝土或粉煤灰砌块基层抹石灰砂浆时，应先刷一道 108 胶溶液；抹混合砂浆时，应刷一道 108 胶水泥浆。

教材点睛 教材 P85～86（续）

（6）抹中层灰：中层灰应在底层灰干至6～7成后进行。

（7）抹窗台板、踢脚线（或墙裙）：应以1∶3水泥砂浆抹底层，表面划毛，隔1d后，用素水泥浆刷一道，再用1∶2.5水泥砂浆抹面。

（8）抹面层灰：操作应从阴角开始，阴阳角处用阴阳角抹子捋光，用毛刷蘸水将门窗圆角等处清理干净。

（9）清理：抹面层灰完工后，用0号砂纸将墙面浮灰污物磨平，注意抹灰层的成品保护。

考点37：外墙抹灰施工工艺★

教材点睛 教材 P87

1. 施工工艺流程

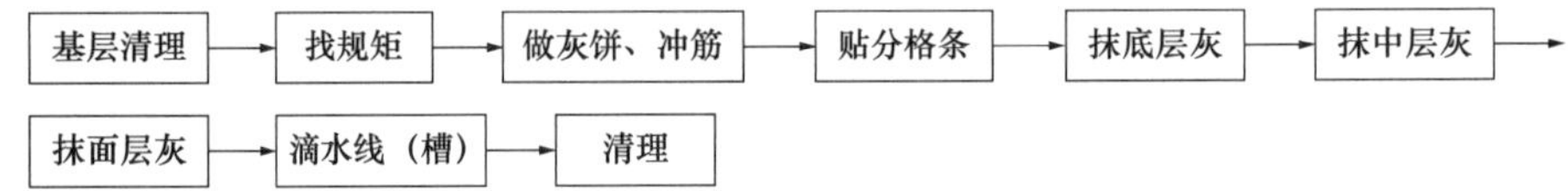

2. 施工要点

（1）基层清理：清扫墙面上浮灰污物，打凿补平墙面，浇水润湿基层。

（2）找规矩：在外墙四个大角挂垂直通线，决定抹灰厚度。

（3）在每步架大角两侧弹上垂直控制线，再弹水平线做灰饼；竖向每步架都做一个灰饼，再做冲筋。

（4）贴分格条：为避免罩面砂浆收缩后产生裂缝，一般均需设分格线，粘贴分格条。粘贴分格条是在底层灰抹完之后进行（底层灰用刮尺赶平）。按已弹好的水平线和分格尺寸弹好分格线，水平分格条一般贴在水平线下边，竖向分格条贴于垂直线的左侧。分格条使用前要用水浸透，以防止使用时变形。粘贴时，分格条两侧用抹成八字形的水泥砂浆固定。

（5）抹灰（底层灰、中层灰、面层灰），与内墙抹灰要求相同。

（6）滴水线（槽）。外墙抹灰时，在外窗台板、窗楣、雨篷、阳台、压顶及凸出腰线等部位的上面必须做出流水坡度，下面应做滴水线或滴水槽。

（7）清理。与内墙抹灰要求相同。

巩固练习

1.【判断题】底层灰应略低于标筋，约为标筋厚度的2/3，由上往下抹。（　　）

2.【判断题】为避免罩面砂浆收缩后产生裂缝，一般均需设分格线，粘贴分格条。（　　）

3.【单选题】标准灰饼的大小为（　　）mm 见方。

A. 20　　B. 50

C. 100　　D. 200

4.【单选题】外墙抹灰分格条使用前要用（　　），以防止使用时变形。

A. 胶涂满　　B. 截断

C. 水浸透　　D. 水泥砂浆固定

5.【多选题】内墙抹灰施工工艺流程的要点有（　　）。

A. 基层清理　　B. 找规矩、弹线

C. 做灰饼、冲筋　　D. 做阴角护角

E. 抹窗台线、踢脚线

【答案】1. √；2. √；3. B；4. C；5. ABCE

第二节　门 窗 工 程

考点 38：木门窗制作、安装施工工艺●

教材点睛　教材 P87 ~ 91

1. 木门窗制作的工艺

（1）制作工艺流程

（2）制作要点

1）配料、截料、刨料：易选用马尾松、木麻黄、桦木、杨木等；配套下料，不得大材小用、长材短用；整个构件应作防腐、防虫药剂处理。

2）门窗框、扇画线：画线时要选光面作为表面，画出的榫、眼、厚、薄、宽、窄尺寸必须一致；先画外皮横线，再画分格线，最后画顺线，同时用方尺画两端头线、冒头线、棂子线等；门窗框的宽度超过 120mm 时，背面应推凹槽，以防卷曲。

3）凿眼：凿刀应和眼的宽窄一致，凿出的眼，顺木纹两侧要直，不得错岔；凿通眼先凿背面，后凿正面；凿眼的一边线要凿半线、留半线。手工凿眼时，眼内上下端中部宜稍微凸出些，半眼深度应一致，并比半榫深 2mm。

4）拉肩、开榫：要留半个墨线，拉出的肩和榫要平、正、直、方、光，不得变形；与眼的宽、窄、厚、薄一致；半榫的长度要比眼的深度短 2mm；拉肩不得伤榫。

5）裁口、起线：刨底应平直，刨刃盖要严密，刨口不宜过大，刨刃要锋利；起线刨使用时应加导板，操作时应一次推完线条；裁口、起线必须方正、平直、光滑，线条清秀，深浅一致，不得戗槎、起刺或凸凹不平。

6）门窗拼装：拼装时用木楔垫平部件，榫眼对正，用斧轻轻敲击打入；所有榫头均须加楔；紧榫时应用木垫板，注意随紧随找平、随规方；窗扇拼装完毕，构件的裁口应在同一平面上；门窗框靠墙面应刷防腐涂料；拼装好的成品，应在明显处编写号码，用楞木四角垫起，离地20～30cm，水平放置，并加以覆盖。

2. 木门窗安装施工工艺

（1）安装工艺流程

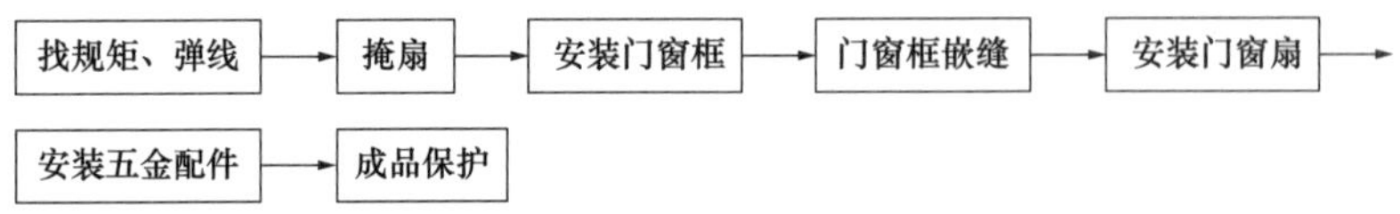

（2）安装要点

1）找规矩、弹线：弹放垂直控制线→弹放水平控制线→弹墙厚度方向的位置线。

2）掩扇：大面积安装前应先做掩扇样板，确定掩扇工艺及各部尺寸、五金位置等。

3）安装门窗框：门窗框安装应在地面和墙面抹灰施工前完成；根据门窗的规格，按规范要求，确定固定点数量；用木砖固定框时，在每块木砖处应用2颗砸扁钉帽的100mm长钉子钉进木砖内；门窗洞口为混凝土结构且无木砖时，宜采用30mm宽、80mm长、1.5～2mm厚直铁脚做固定条。

4）门窗框嵌缝：内门窗采用与墙面抹灰相同的砂浆塞实缝隙，外门窗采用保温砂浆或发泡胶填缝。

5）安装门窗扇：按设计确定门窗扇的开启方向、五金配件型号和安装位置；安装对开扇时，应保证两扇宽度尺寸、对口缝的裁口深度一致；企口门扇对口缝的裁口深度及裁口方向应满足配件安装要求。

6）安装五金配件：安装合页应将三齿片固定在框上，标牌统一向上；门锁、碰珠、拉手等距地高950～1000mm，插销应在拉手下面；安装门窗扇时，应注意玻璃裁口方向；门开启容易碰墙时，应安装定位器；窗扇风钩安装时应使窗开启后呈90°。

7）成品保护：

① 安装前应对墙面、地面及其他成品的措施。

② 门窗框、扇修刨时，应采用木卡具将其垫起卡牢，以免损坏门窗边。

③ 门窗框、扇安装时应轻拿轻放，整修时严禁生搬硬撬，防止损坏成品，破坏框、扇面及五金件；并采取必要的防水、防潮措施。

④ 门窗安装后，应派专人负责成品保护管理。

⑤ 成品保护措施：木门窗采用铁皮或细木工板做护套进行保护，其高度应大于1m；五金配件应采用柔性保护材料包裹保护；冬季安装木门窗时，应及时刷底油并保持室内通风。

巩固练习

1. 【判断题】木门窗框、扇画线时要选光面作为表面，有缺陷的放在背后。（　　）

2. 【判断题】内门窗框嵌缝采用保温砂浆或发泡胶填缝，外门窗框嵌缝采用与墙面抹灰相同的砂浆塞实缝隙。（　　）

3. 【单选题】门窗框的宽度超过（　　）时，背面应推凹槽，以防卷曲。

A. 100mm　　B. 120mm

C. 90mm　　D. 60mm

4. 【单选题】木门窗大面积安装前应先做掩扇样板，确定掩扇工艺及各部尺寸、（　　）位置等。

A. 门窗洞口　　B. 五金

C. 窗框　　D. 玻璃

5. 【单选题】木门窗安装五金配件做法错误的是（　　）。

A. 安装合页将三齿片固定在框上，标牌统一向上

B. 门锁、碰珠、拉手等距地高 950～1000mm

C. 插销应在拉手下面

D. 窗扇风钩安装时应使窗开启后呈 180°

6. 【单选题】木门窗安装施工工艺流程为（　　）。

A. 找规矩、弹线→安装门窗框→安装门窗扇→掩扇→门窗框嵌缝→安装五金配件→成品保护

B. 找规矩、弹线→安装门窗框→门窗框嵌缝→安装门窗扇→掩扇→安装五金配件→成品保护

C. 找规矩、弹线→掩扇→安装门窗框→安装门窗扇→门窗框嵌缝→安装五金配件→成品保护

D. 找规矩、弹线→掩扇→安装门窗框→门窗框嵌缝→安装门窗扇→安装五金配件→成品保护

7. 【多选题】下列关于木门窗凿眼制作要点中，错误的是（　　）。

A. 凿通眼时，先凿正面，后凿背面

B. 凿眼的凿刀应和眼的宽窄一致，凿出的眼，顺木纹两侧要直，不得错岔

C. 凿眼时，眼的一边先要凿半线、留半线

D. 手工凿眼时，眼内上下端中部宜稍微凸出些，以便拼装时加楔打紧，半眼深度与半榫深度应一致

E. 成批生产时，要经常核对，检查眼的位置尺寸，以免发生误差

8. 【多选题】木门窗制作时确定宽度和厚度的加工余量，一面刨光者留（　　）mm，两面刨光者留（　　）mm。

A. 3　　B. 4

C. 5　　D. 6

E. 7

9.【多选题】下列有关安装木门窗扇施工要点中，正确的是（　　）。

A. 按设计确定门窗扇的开启方向、五金配件型号和安装位置

B. 检查门窗框与扇的尺寸是否符合，框口边角是否方正，有无窜角

C. 第一次修刨后的门窗扇，使框与扇表面平整、缝隙尺寸符合后，再开铰链槽

D. 门窗扇经过第二次修刨后，以刚刚能塞入框口内为宜，塞入后用木楔临时固定

E. 安装对开扇时，应保证两扇宽度尺寸、对口缝的裁口深度一致

【答案】1. √；2. ×；3. B；4. B；5. D；6. D；7. AD；8. AC；9. ABE

考点 39：铝合金门窗制作、安装施工工艺★

教材点睛　教材 P91 ～ 93

1. 制作工艺

（1）制作工艺流程

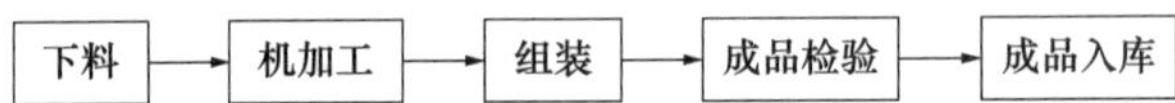

（2）制作要点

1）制作准备：① 检查型材形状、尺寸及壁厚是否符合设计和使用要求；② 检验所用材料和附件是否符合现行国家标准或行业标准；③ 认真复核门窗洞口的实际尺寸，确认加工尺寸；④ 检查施工工具、机具。

2）下料：材料长度应根据设计要求并参考门窗施工大样图来确定，要求切割准确。

3）机加工：孔的加工方法可采用钻孔，也可采用冲孔。槽、豁、榫加工可采取铣加工成型，也可采取冲切成型。杆件在加工过程中及堆放时，每层均应用垫条隔断，垫条应上下要对齐，间距不小于 1mm。

4）组装：组装方式有 45° 角对接、直角对接和垂直对接三种。

5）成品检验：外观检验要求门窗表面应光洁，无气泡和裂纹，颜色均匀；尺寸检验时严格控制门窗质量在国家行业标准规定的允许偏差内；五金配件安装位置正确、数量齐全、安装牢固。

6）保护或包装：可用塑料胶纸、塑料薄膜等无腐蚀性的软质材料将所有表面严密包裹。

2. 安装工艺

（1）安装工艺流程

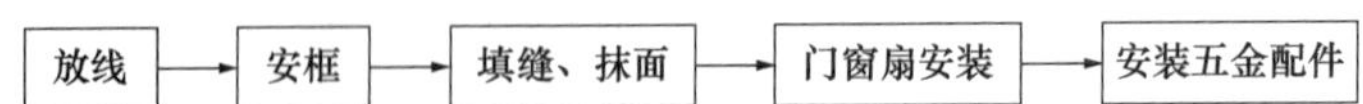

（2）安装要点

1）铝合金门窗安装必须先预留洞口，严禁采取边安装边砌墙体或先安装后砌墙体的施工方法。

教材点睛 教材 P91 ~ 93（续）

2）放线：按设计要求在门窗洞口弹出门窗位置线，并注意同一立面的窗在水平及垂直方向应做到整齐一致；地弹簧的表面应与室内地面标高一致。

3）安框：门窗框固定可采用焊接、膨胀螺栓或射钉等方式，但砖墙严禁用射钉固定。

4）填缝、抹面：铝合金门窗框在填缝前经过平整、垂直度等的安装质量复查后，再将框四周清扫干净、洒水湿润基层。填缝所用的材料原则上按设计要求选用，应达到密闭、防水的目的。

5）门窗扇安装：应在室内外装饰基本完成后进行。

6）五金件装配的原则：有足够的强度，位置正确，既满足各项功能又要便于更换。

考点 40：塑钢彩板门窗制作、安装施工工艺●

教材点睛 教材 P93 ~ 95

1. 制作工艺

（1）制作工艺流程

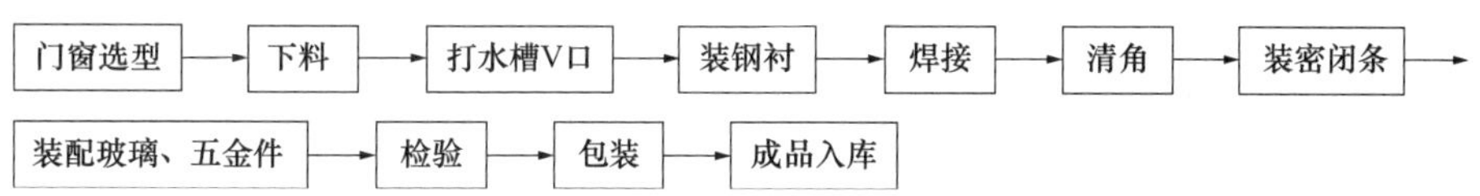

（2）制作要点

1）门窗选型：根据设计图纸确定门窗类型和数量，结合风压值、层高等因素确定型材及钢衬厚度。

2）下料：选定玻璃、五金件、钢材、胶条、毛条等辅助配件，编制下料工艺清单，进行下料设计。

3）型材切割、铣排水孔、锁孔：主型材下料一般采用双斜锯下料。如果安装传动器和上门窗，要铣锁孔。

4）增强型钢的装配：当门窗构件尺寸大于或等于规定的长度时，其内腔必须加强型钢的装配。

5）焊接：焊接温度 240～250℃，熔融时间 20～30s，冷却时间 25～30s。

6）清角、装胶条：焊接完成冷却 30min 后可开始清角。框、扇胶条的上梃胶条长度应长 1% 左右。

7）五金件的装配：五金件要有足够的强度，装配位置正确，满足各项功能以及便于更换。

8）玻璃安装：先放入玻璃垫块，将切割好的玻璃放在垫块上，然后通过玻璃压条将玻璃固定夹紧。

教材点睛 教材 P93～95（续）

9）成品质量检验：包括外观检验和外观尺寸检验；连续生产过程中应定期测试焊角强度；同时定期对成品进行力学和物理性能检验。

2. 安装工艺

（1）安装工艺流程

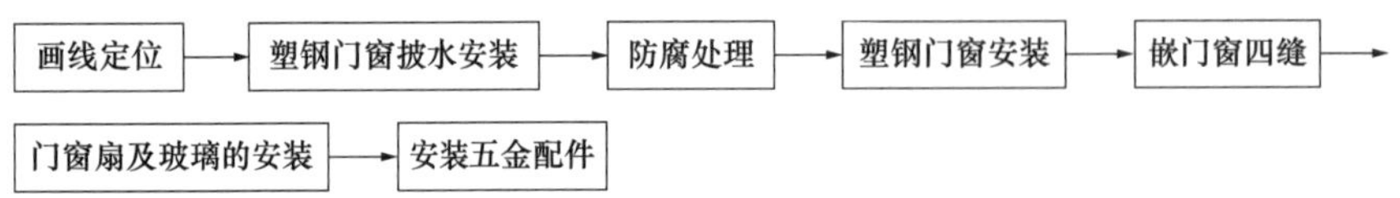

（2）安装要点

1）画线定位：门窗下口安装标高以楼层室内＋50cm的水平线为准，弹线找平；每一层必须保持窗下皮标高一致。多层或高层建筑外窗，还应以顶层门窗边线为准，弹线控制垂直方向的位置。

2）防腐处理：塑钢门窗框及固定配件与水泥砂浆或混凝土接触部分均须采用防腐处理。

3）与墙体间缝隙的处理：采用矿棉或玻璃棉毡条分层填塞缝隙，或填嵌水泥砂浆或细石混凝土。

4）安装五金配件：五金配件与门框连接需用镀锌螺钉。安装的五金配件应结实牢固，使用灵活。

考点41：玻璃地弹簧门安装施工工艺

教材点睛 教材 P95～96

1. 安装工艺流程

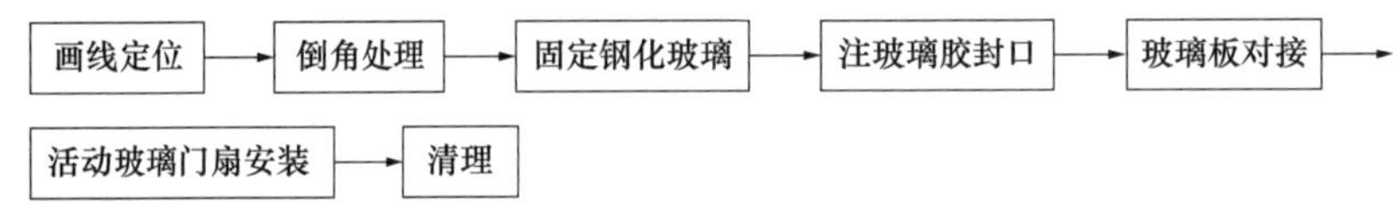

2. 安装要点

（1）画线定位：根据设计图纸中门的安装位置、尺寸和标高，依据门中线向两边量出门边线。多层或高层建筑外窗，还应以顶层门窗边线为准，弹线控制垂直方向的位置。

（2）倒角处理：用玻璃磨边机对玻璃边缘进行打磨。

（3）固定钢化玻璃：用玻璃吸盘器进行安装。

（4）注玻璃胶封口：应从缝隙的端头开始，随着玻璃胶的挤出，匀速移动注口，使玻璃胶在缝隙处形成一条表面均匀的直线，最后用塑料片刮去多余的玻璃胶，并用干净布擦去胶迹。

教材点睛 教材 P95～96（续）

（5）玻璃板之间的对接：对接缝应留 2～3mm 的距离，玻璃边须倒角。

（6）活动玻璃门扇安装

1）用锤线方法校正地弹簧转轴与定位销的中心线是否在一条垂直线上。

2）在门扇的上下横档内画线，并按线固定转动销的销孔板和地弹簧的转动轴连接板。

3）钢化玻璃的裁切尺寸，应小于测量尺寸 5mm 左右，并做好倒角处理，打好安装门把手的孔洞。

4）把上下横档分别装在玻璃地弹门扇上下边，并进行门扇高度的测量。

5）定好高度后，在钢化玻璃与横档之间的缝隙中注入玻璃胶进行固定。

6）门扇定位安装：门扇下横档内的转动销连接件的孔位必须对准并套入地弹簧的转动销轴上，门框横梁上定位销必须插入门扇上横档内的转动销连接件孔内 15mm 左右。

7）安装玻璃门拉手应注意：拉手的连接部位插入玻璃门拉手孔时不能很紧，应略有松动。

巩固练习

1.【判断题】铝合金门窗加工前，应对所用材料和附件进行检验，其材质应符合现行国家标准或行业标准，所选用的型材形状、尺寸及壁厚应符合设计和使用要求。（　　）

2.【判断题】铝合金门窗下料时，推拉门窗宜采用 45° 角切割。（　　）

3.【判断题】铝合金门窗加工时，应采用钻孔，严禁采用冲孔。（　　）

4.【判断题】门窗固定中除混凝土外，均可使用射钉固定门窗框。（　　）

5.【判断题】铝合金门窗装入洞口应横平竖直，外框与洞口应刚性连接牢固。（　　）

6.【判断题】当塑钢彩板门窗构件尺寸大于或等于规定的长度时，其内腔必须加强型钢的装配。（　　）

7.【判断题】塑钢门窗应存放在专用的仓库内，不宜露天存放。（　　）

8.【判断题】塑钢门窗安装固定后，应先进行隐蔽工程验收，合格后及时按设计要求处理门窗框与墙体之间的缝隙。（　　）

9.【判断题】地弹簧门玻璃对接时，应严丝合缝，玻璃边需要倒角。（　　）

10.【单选题】门窗框料有顺弯时，其弯度一般不应超过（　　）mm。

A. 1　　B. 2

C. 3　　D. 4

11.【单选题】窗扇安装风钩时，风钩应装在窗框下冒头与窗扇下冒头夹角外，使窗开启后呈（　　）。

A. 30°　　B. 45°

C. 60°　　D. 90°

12.【单选题】铝合金门窗制作前，应根据土建施工图核实洞口的实际尺寸与设计要求是否相符，若有出入，应会同（　　）共同处理。

A. 设计部门　　B. 质量部门

C. 安装部门　　D. 土建部门

13.【单选题】铝合金门窗下料尺寸误差应控制在（　　）mm 范围内。

A. 2　　B. 3

C. 4　　D. 5

14.【单选题】铝合金门窗安装工艺流程为（　　）。

A. 放线→安框→填缝、抹面→门窗扇安装→安装五金配件

B. 放线→安框→门窗扇安装→填缝、抹面→安装五金配件

C. 放线→安框→门窗扇安装→安装五金配件→填缝、抹面

D. 放线→安框→安装五金配件→填缝、抹面→门窗扇安装

15.【单选题】塑钢彩板门窗五金件要有足够的（　　），装配位置正确，满足各项功能要求并且便于更换。

A. 刚度　　B. 韧性

C. 强度　　D. 硬度

16.【单选题】玻璃地弹簧门安装工艺流程为（　　）。

A. 画线定位→倒角处理→固定钢化玻璃→注玻璃胶封口→玻璃板对接→活动玻璃门扇安装→清理

B. 画线定位→固定钢化玻璃→注玻璃胶封口→倒角处理→活动玻璃门扇安装→玻璃板对接→清理

C. 画线定位→倒角处理→固定钢化玻璃→注玻璃胶封口→活动玻璃门扇安装→玻璃板对接→清理

D. 画线定位→固定钢化玻璃→注玻璃胶封口→倒角处理→玻璃板对接→活动玻璃门扇安装→清理

17.【多选题】下列关于门窗五金件装配原则的说法中，正确的是（　　）。

A. 要有足够的强度　　B. 位置正确

C. 满足各项功能　　D. 便于更换

E. 安装位置必须严格按照设计要求执行

18.【多选题】下列关于门窗扇及玻璃的安装要点中，错误的是（　　）。

A. 门窗扇及玻璃应在洞口墙体表面装饰完成后安装

B. 推拉门窗：在门窗框安装固定后，将配好玻璃的门窗扇整体安入框内滑道后再安玻璃

C. 平开门窗：在框与扇格架组装上墙、安装固定好后再安玻璃

D. 地弹簧门：应在门框及地弹簧主机入地安装固定后再安门窗

E. 平开门窗：在调整好框与扇的缝隙后再安玻璃

19.【多选题】塑钢彩板窗下口的水平位置以楼层室内（　　）cm 的水平线为准向（　　）反量测定，弹线找直。

A. ＋ 50　　B. ＋ 100

C. ＋ 150　　D. 下

E. 上

20.【多选题】下列关于安装玻璃门拉手应注意事项的说法中，表述正确的是（　　）。

A. 拉手的连接部位插入玻璃门拉手孔时不能很紧，应略有松动

B. 如果过松，可以在插入部分涂少许玻璃胶

C. 安装前在拉手插入玻璃的部分裹上软质胶带

D. 拉手组装时，其根部与玻璃贴靠紧密后，再上紧固定螺栓

E. 其根部与玻璃贴靠紧密后，再上紧固定螺栓，是为了保证拉手没有丝毫松动现象

21.【多选题】下列关于铝合金门窗的制作中，正确的是（　　）。

A. 选用的附件，除不锈钢外，应做防腐处理

B. 平开门窗下料宜采用直角切割方式

C. 孔的加工方式必须采用钻孔，严禁采用冲孔

D. 组装完毕后，应进行外观检验

E. 组装方式有 45° 角对接、直角对接和垂直对接三种

【答案】1. √；2. ×；3. ×；4. ×；5. ×；6. √；7. √；8. √；9. ×；10. D；11. D；12. D；13. A；14. A；15. C；16. A；17. ABCD；18. BE；19. AE；20. ADE；21. ADE

第三节　楼地面工程

考点 42：整体楼地面施工工艺●

教材点睛　教材 P96 ～ 99

1. 水泥砂浆地面施工工艺

（1）特点：造价较低、施工简便、使用耐久，但容易出现起灰、起砂、裂缝、空鼓等质量问题。

（2）常用的材料：强度等级不小于 42.5 级的通用硅酸盐水泥；中粗砂（含泥量不大于 3%）。

（3）施工工艺流程

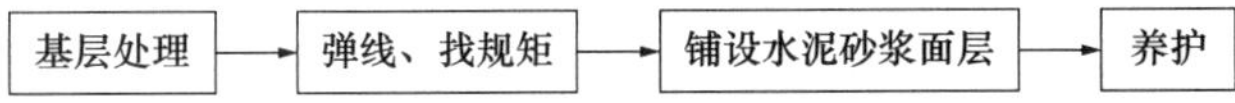

（4）施工要点

1）基层处理：基层表面抗压强度应达到 1.2MPa；比较光滑的基层应进行凿毛，并用清水冲洗干净。

2）弹线、找规矩：以设计地面标高为依据，在四周墙上弹出 500mm 或 1000mm 作为水平基准线。

教材点睛 教材 P96 ～ 99（续）

3）根据水平线在地面四周做灰饼，并按纵横标筋间距 1500～2000mm 做好地面标筋。有坡度要求的地面，要找好坡度；有地漏的房间，要在地漏四周做出坡度不小于 5% 的泛水。

4）铺设水泥砂浆面层：铺抹前，先浇水湿润基层，再刷一道素水泥浆结合层，接着铺设水泥砂浆层，随打随抹。面层与基层结合要牢固，无空鼓、裂纹、脱皮、麻面、起砂等缺陷，表面不得有泛水和积水。

5）养护：面层施工完毕后，要及时进行浇水养护，养护时间不少于 7d，强度等级应不小于 15MPa。

2. 现浇水磨石地面的施工工艺

（1）材料：石粒应洁净、无杂物，一般粒径为 6～15mm；水泥采用强度等级不小于 42.5 级的通用硅酸盐水泥；耐碱、耐光、耐潮湿的矿物颜料。分格嵌条主要选用黄铜条、铝条、玻璃条和不锈钢条等；抛光材料一般为草酸（无色透明晶体，分块状和粉末状）、氧化铝（白色粉末状）、地板蜡等。

（2）施工工艺流程

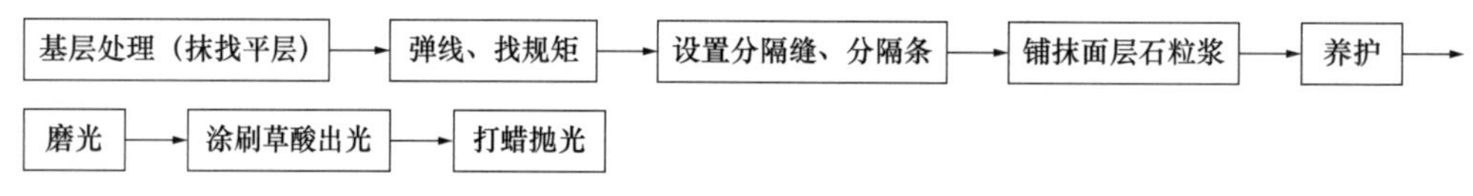

考点 43：板块楼地面施工工艺★●

教材点睛 教材 P99 ～ 102

1. 陶瓷地砖楼地面施工工艺

（1）施工工艺流程

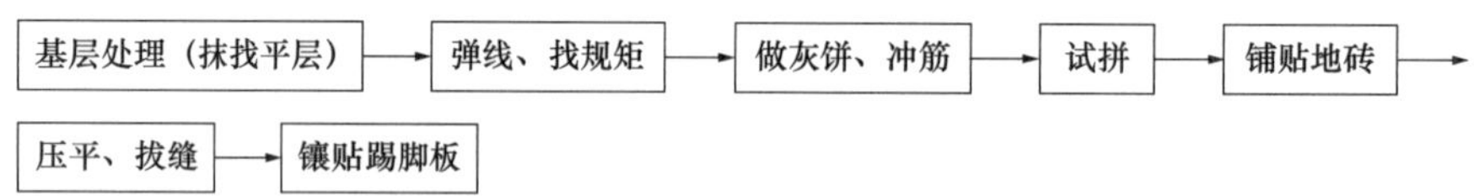

（2）施工要点

1）试拼：根据分格线确定地砖的铺贴顺序和标准块的位置，进行试拼，检查图案、颜色及纹理的方向及效果。试拼后按顺序排列、编号，浸水备用。

2）湿贴法：采用 1∶2 水泥砂浆铺贴，主要适用于 400mm×400mm 以下规格的地砖铺设。

3）干贴法：采用 1∶3 的干硬性水泥砂浆铺贴，主要适用于 500mm×500mm 以上规格的地砖铺设。

4）压平、拔缝：镶贴时，要使用水平尺随时检查铺设地砖的平整度，同时拉线检

教材点睛　教材 P99～102（续）

查缝格的平直度，并用橡皮锤拍实，使纵横线之间的宽窄一致、笔直通顺，板面平整一致。

5）镶贴踢脚板：待地砖完全凝固硬化后，可进行踢脚板安装。踢脚板一般采用与地面块材同品种、同颜色的材料。踢脚板的立缝应与地面缝对齐，厚度和高度应符合设计要求。

6）养护：铺完砖 24h 后洒水养护，时间不少于 7d。

2. 石材地面铺设施工工艺

（1）施工工艺流程

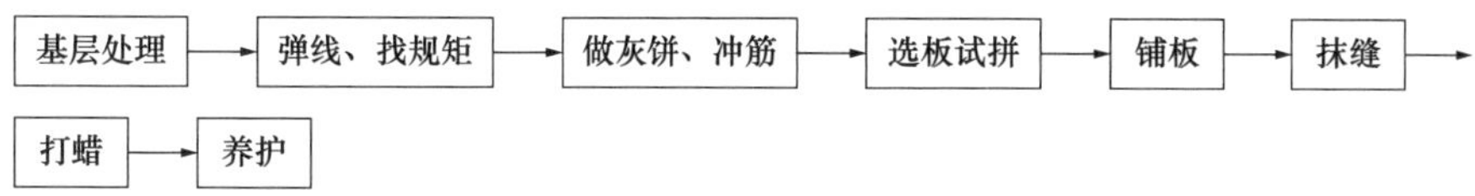

（2）施工要点

1）通过选板试拼，对石材进行编号。按编号顺序在石材的正面、背面以及四条侧边上涂刷保新剂。

2）石材地面铺设主要采用干贴法。

3）铺装完毕后，用棉纱将板面上的灰浆擦拭干净，并养护 1～2d，进行踢脚板的安装，然后用与石材颜色相同的勾缝剂进行抹缝处理。

4）打蜡、养护：最后用草酸清洗板面，再打蜡、抛光。

3. 木面层地面施工工艺

（1）作业条件：已完成的顶棚、墙面等各种湿作业工程干燥程度应在 80% 以上。水暖管道，电气设备，电源、通信、电视等管线等均安装到位，并完成了必要的检验、测试。

（2）木地板施工常用的方法为实铺式，实铺式木地板施工有格栅式与实贴式之分。

（3）施工工艺流程

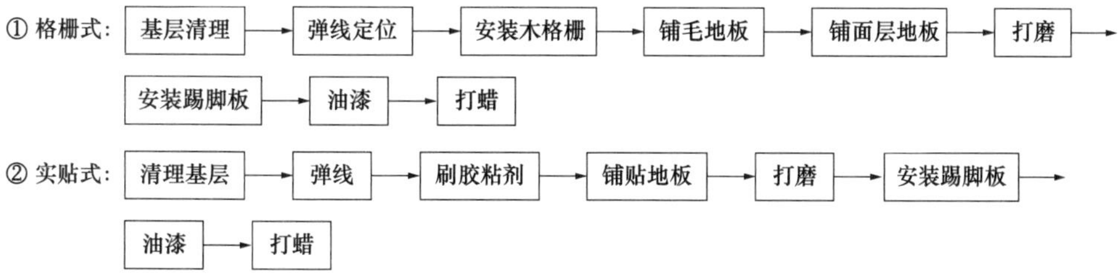

（4）施工要点

1）格栅式：① 基层清理干净后要做好防潮、防腐处理；② 按设计规定弹出木格栅龙骨的位置线及标高控制线；③ 木格栅与地面间隙用干硬性水泥砂浆找平，与格栅接触处做防腐处理，格栅之间应设横撑；④ 毛地板条逐块用扁钉钉牢，错缝铺钉在木格栅上；⑤ 毛地板清扫干净后铺设木地板；⑥ 踢脚板接头锯成 45° 斜口搭接；⑦ 对于原木地板，需要刮腻子、打脚、涂饰、打蜡、磨光等表面处理。

教材点睛 教材 P99～102（续）

2）实贴式：① 地面含水率不小于 16%；水平面误差不小于 4mm；不允许有空鼓、起砂；② 中心线应在试铺的情况下统筹各铺贴房间的几何尺寸后确定，控制线须平行于中心线或十字线；③ 在清洁的地面上用锯齿形刮板均匀刮一遍，然后用铲刀涂胶在木地板粘接面上，特别是凹槽内上胶要饱满。

4. 竹面层地面施工工艺

（1）施工工艺流程

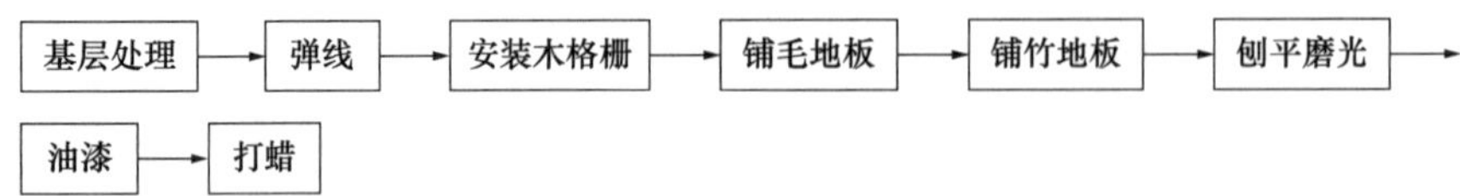

（2）施工要点

1）竹地板的钉法采用斜钉，竹地板面层的接头应按设计要求留置。不符合模数的板块，其不足部分在现场根据实际尺寸将板块切割后镶补，并应用胶粘剂加强固定。

2）需要刨平磨光的地板应先粗刨后细刨，使面层完全平整后再用砂带机磨光。

巩固练习

1.【判断题】现浇水磨石地面的找平层要表面平整、密实，并保持光滑。（　　）

2.【判断题】干贴法主要适用于小尺寸地砖（常用于 400mm×400mm 以下规格）的铺贴。（　　）

3.【判断题】木面层地面施工前应完成顶棚、墙面的各种湿作业工程，且干燥程度在 80% 以上。（　　）

4.【单选题】现浇水磨石地面的石粒一般粒径为（　　）mm。

A. 6～15　　B. 5～10

C. 6～12　　D. 5～18

5.【单选题】陶瓷地砖楼地面施工工艺流程为（　　）。

A. 基层处理（抹找平层）→弹线、找规矩→做灰饼、冲筋→试饼→铺贴地砖→压平、拔缝→镶贴踢脚板

B. 基层处理（抹找平层）→弹线、找规矩→做灰饼、冲筋→铺贴地砖→压平、拔缝→试饼→镶贴踢脚板

C. 基层处理（抹找平层）→弹线、找规矩→做灰饼、冲筋→铺贴地砖→试饼→压平、拔缝→镶贴踢脚板

D. 基层处理（抹找平层）→弹线、找规矩→做灰饼、冲筋→压平、拔缝→试饼→铺贴地砖→镶贴踢脚板

6.【单选题】格栅式木面层地面施工工艺流程为（　　）。

A. 基层清理→弹线定位→安装木格栅→铺毛地板→打磨→铺面层地板→安装踢脚板→油漆→打蜡

B. 基层清理→弹线定位→铺毛地板→打磨→铺面层地板→安装木格栅→安装踢脚板→油漆→打蜡

C. 基层清理→弹线定位→安装木格栅→铺毛地板→铺面层地板→打磨→安装踢脚板→油漆→打蜡

D. 基层清理→弹线定位→铺毛地板→打磨→安装木格栅→铺面层地板→安装踢脚板→油漆→打蜡

7.【单选题】铺竹地板时靠墙的一块板应离开墙面（　　）mm 左右，以后逐块排紧。

A. 10　　B. 15

C. 20　　D. 25

8.【多选题】下列关于水泥砂浆地面施工要点中，正确的是（　　）。

A. 地面抹灰前，应先在四周墙上弹出一道水平基准线，作为确定水泥砂浆面层标高的依据

B. 水平基准线做法是以设计地面标高为依据，在四周墙上弹出 500mm 作为水平基准线

C. 水泥砂浆面层施工完毕后，要及时进行浇水养护，必要时可蓄水养护

D. 水泥砂浆面层养护时间不少于 3d

E. 水泥砂浆面层强度等级不应小于 35MPa

9.【多选题】下列关于现浇水磨石地面的施工要点说法中，正确的是（　　）。

A. 石子浆铺抹完成后，即日起浇水养护

B. 局部无法使用机械研磨时可用手工研磨

C. 开磨前若试磨后石粒不松动即可开磨

D. 磨光应采用“三浆两磨”方法进行

E. 应磨至石子料显露，表面平整光滑、无砂眼细孔为止

10.【多选题】石材地面铺设做法与地砖楼地面铺贴方法相同的是（　　）。

A. 基层处理　　B. 弹线、找规矩

C. 做灰饼、冲筋　　D. 选板试铺

E. 铺板、打蜡

【答案】1. ×；2. ×；3. √；4. A；5. A；6. C；7. A；8. ABC；9. BCE；10. ABC

第四节　顶棚装饰工程

考点 44：各类吊顶施工工艺★●

教材点睛　教材 P102 ~ 107

1. 木龙骨吊顶施工工艺

（1）施工工艺流程

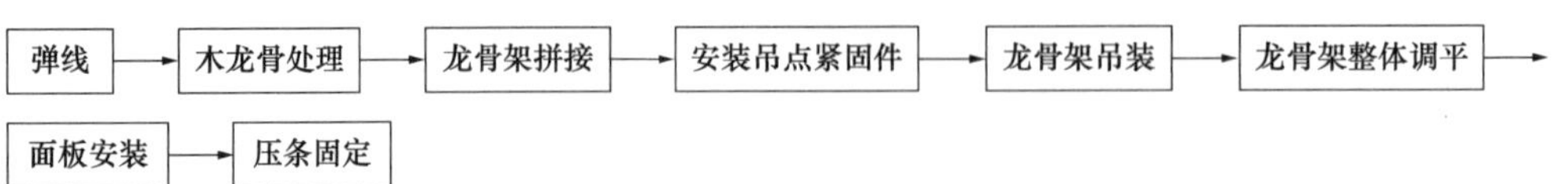

（2）施工要点

1）弹线：包括弹吊顶标高线、吊顶造型位置线、吊挂点定位线、大中型灯具吊点定位线。

2）木龙骨处理：使用前需要进行防腐和防火处理。

3）龙骨架拼接：先拼接组合成大片的龙骨骨架，再拼接小片的局部骨架；拼接按凹槽对凹槽咬口拼接，拼口处涂胶并用圆钉固定。

4）安装吊点紧固件：吊杆常用$\phi6$或$\phi8$钢筋制作，用金属胀管固定。

5）龙骨架吊装：可分为分片拼装和连接固定两步；在各分片吊顶龙骨架安装就位之后，在需要预留空洞的位置进行必要的加固处理。

6）面板安装：面板应安装牢固且不得出现折裂、翘曲、缺棱掉角和脱层等缺陷。

7）压条固定：面板安装后需用压条固定，以防吊顶变形。

2. 轻钢龙骨吊顶施工工艺

（1）施工工艺流程

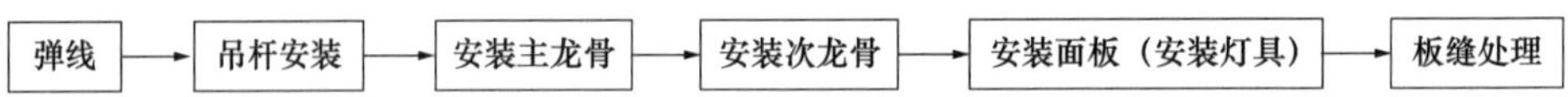

（2）施工要点

1）吊杆安装：注意须根据设计要求的吊顶承载形式，确定吊杆材料及分布间距。

2）安装主龙骨：主龙骨通常沿房间的短向平行布置；就位后以单个房间为单位进行调平调直。

3）安装次龙骨：在次龙骨与主龙骨的交叉布置点，使用其配套的龙骨挂件将二者连接固定；龙骨沿墙面或柱面标高线钉牢。

4）安装面板：有明装、暗装、半隐装三种安装方式，根据设计要求选用；面板安装中应注意工种间的配合，避免返工和成品的交叉破坏。

5）嵌缝处理：① 自攻螺钉钉头做防锈处理；② 板面接缝处粘贴穿孔纸带或网格胶带；③ 用石膏腻子嵌平。

3. 铝合金龙骨吊顶施工工艺

（1）施工工艺

（2）施工要点

1）弹线：根据设计标高在四周墙面或柱面上弹出控制线，在顶板上弹出主龙骨及

教材点睛 教材 P102～107（续）

吊点位置线。

2）固定吊杆：双层龙骨吊顶吊杆常用 $\phi6$ 或 $\phi8$ 钢筋；单层龙骨吊顶吊杆可采用 $\phi8$ 号或 $\phi6$ 钢筋。

3）主、次龙骨安装：主、次龙骨宜从同一方向同时安装，按主龙骨位置线及标高线就位调平；再固定安装次龙骨。

4）板缝处理：通常条形金属板吊顶须做板缝处理，有闭缝和透缝两种形式，使用其配套嵌条。两种板缝处理均要求吊顶面板平整、板缝顺直。

巩固练习

1.【判断题】顶棚木龙骨防火处理一般是将防火涂料涂刷或喷于木材表面，也可把木材置于防火涂料槽内浸渍。（　　）

2.【判断题】吊顶板闭缝式板缝处理要求顶棚面板平整、板缝顺直。（　　）

3.【单选题】轻钢龙骨顶棚施工工艺流程为（　　）。

A. 弹线→安装主龙骨→安装次龙骨→吊杆安装→安装面板（安装灯具）→板缝处理

B. 弹线→安装主龙骨→安装次龙骨→安装面板（安装灯具）→吊杆安装→板缝处理

C. 弹线→吊杆安装→安装主龙骨→安装次龙骨→安装面板（安装灯具）→板缝处理

D. 弹线→吊杆安装→安装面板（安装灯具）→安装主龙骨→安装次龙骨→板缝处理

4.【单选题】双层龙骨顶棚时，吊杆常用（　　）钢筋。

A. $\phi4$ 或 $\phi6$　　B. $\phi6$ 或 $\phi8$

C. $\phi8$ 或 $\phi10$　　D. $\phi10$ 或 $\phi12$

5.【单选题】木龙骨骨架吊装可分为分片拼装和连接固定两步，各分片吊顶龙骨架安装就位之后，在需要预留空洞的位置进行（　　）。

A. 空洞周圈加一层罩面板　　B. 增加照明

C. 粘贴防裂带　　D. 加固处理

6.【单选题】木龙骨吊顶面板应安装牢固，不得出现的缺陷不包括（　　）。

A. 折裂　　B. 翘曲

C. 接缝严密　　D. 缺棱掉角和脱层等

7.【单选题】轻钢龙骨吊顶在主龙骨与吊件及吊杆安装就位之后，以（　　）为单位进行调平调直。

A. $30m^2$　　B. 一个房间

C. 一个楼层　　D. 一个班组

8.【单选题】石膏板吊顶嵌缝时采用的嵌缝材料不能使用（　　）。

A. 水泥　　B. 石膏腻子

C. 穿孔纸带　　D. 网格胶带

9.【多选题】下列关于吊顶安装横撑龙骨施工要点中，正确的是（　　）。

A. 横撑龙骨由中、小龙骨截取
B. 其方向与次龙骨平行
C. 其方向与主龙骨垂直
D. 装在罩面板的拼接处
E. 地面与次龙骨平齐

10. 【多选题】轻钢龙骨顶棚罩面板常用的安装方式有（　　）。

A. 明装
B. 透明装
C. 暗装
D. 半隐装
E. 表装

11. 【多选题】铝合金龙骨顶棚面板安装通常分为（　　）。

A. 异形金属板搁置式安装
B. 异形金属板卡入式安装
C. 方形金属板搁置式安装
D. 方形金属板卡入式安装
E. 条形金属板安装

【答案】1. √；2. √；3. C；4. B；5. D；6. C；7. B；8. A；9. ADE；10. ACD；11. CDE

第五节 饰面工程

考点 45：贴面类内墙、外墙装饰施工工艺●

教材点睛　教材 P108～109

1. 内墙面砖铺贴要点

（1）工艺流程

（2）施工要点

1）基层处理：基层为抹灰层且表面灰白时，应洒水湿润；基层为混凝土面时，应凿毛或用水泥素浆扫毛。

2）浸砖：瓷砖铺贴前要将面砖提前 1d 浸透水，晾干后备用。

3）复查墙面规矩：用托线板复查墙面的平整度、垂直度及阴阳角的顺直度，做灰饼套方。

4）搅拌水泥浆：贴面砖的水泥浆一般采用 1∶1 水泥浆。

5）镶贴：砖背面满抹 6～10mm 厚水泥浆，四周刮成斜面后进行粘贴，用靠尺理直灰缝，留出 1.5mm 的砖缝；贴砖从阳角开始，使不成整块的砖放在阴角，阴角处的非整砖不能小于其宽度的一半。

6）擦缝：用毛刷蘸水洗净砖面泥浆，用棉丝擦干净；用白水泥、1∶1 水泥砂浆勾缝。

教材点睛 教材 P108～109（续）

2. 外墙面砖铺贴要点（工艺流程同内墙面砖铺贴）

（1）调整抹灰厚度：外墙砖不允许出现非整砖，可以通过调整砖缝宽度和抹灰厚度等方法予以控制。

（2）贴灰饼、设标筋：在建筑物外墙四角吊通长垂直线，再根据垂线拉横向通线，沿通线每隔 1.2～1.5m 贴一个灰饼，然后冲成标筋。

（3）构造做法：凸出墙面的檐口、腰线、窗台和女儿墙压顶等部位，贴外墙面砖时，上表面应有流水坡度，下面应做滴水线或滴水槽。

（4）勾缝：勾缝前应逐块检查面砖粘结质量；用 1∶1 水泥砂浆勾缝，先勾横缝，后勾竖缝。

3. 陶瓷锦砖和玻璃锦砖的铺贴要点（工艺流程同内墙面砖铺贴）

（1）按设计图纸要求，挑选好饰砖并统一编号。

（2）镶贴前按每块锦砖大小弹线，从阳角及墙垛开始放线，由上到下做出标志。

（3）镶贴时，在弹好的水平线下口支垫尺，浇水湿润底层，宜两人配合操作，按垫尺上口沿线由下往上粘贴，灰缝要对齐，用木砖轻轻来回敲打粘实。

（4）待灰浆初凝后，刷水将护面纸湿透，约半小时后揭纸；检查缝口，不正者用开刀拨匀。

巩固练习

1.【判断题】饰面砖包括内墙面砖、外墙面砖、陶瓷锦砖和玻璃马赛克等。 （　　）

2.【判断题】贴面砖基层为抹灰层且表面较干时，应洒水湿润；为混凝土面时，应凿毛或用水泥素浆扫毛。 （　　）

3.【单选题】釉面砖是窑制产品，本身尺寸存在轻微差别，为保证美观，要留有（　　）mm 的砖缝。

A. 1　　B. 1.5

C. 2　　D. 2.5

4.【单选题】外墙阳角及墙垛测量放线，（　　）作出标志。

A. 从上到下　　B. 从下到上

C. 从左到右　　D. 从右到左

5.【单选题】外墙砖的砖缝一般为（　　）mm。

A. 5～8　　B. 7～10

C. 7～12　　D. 10～12

6.【单选题】内墙瓷砖铺贴前要将面砖提前（　　）浸透水，晾干后备用。

A. 48h　　B. 1d

C. 72h　　D. 3d

7.【多选题】外墙面砖铺贴方法与内墙面砖铺贴方法的区别有（　　）。

A. 基层处理　　B. 调整抹灰厚度

C. 贴灰饼、设标筋　　D. 构造做法

E. 勾缝

【答案】1. √；2. √；3. B；4. A；5. B；6. B；7. BCDE

考点 46：涂料类装饰施工工艺●

教材点睛　教材 P109 ～ 111

1. 施工工艺

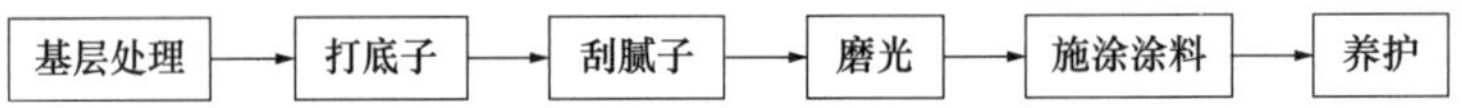

2. 施工要点

（1）基层处理

1）混凝土和抹灰表面：① 缺棱掉角及孔洞处，用水泥砂浆（或聚合物砂浆）修补平整；② 麻面、接缝错位等处，应先凿平或用砂轮机磨平，再修补找平；酥松、起皮、起砂等部位必须铲除重做。

2）木材表面：灰尘、污垢及粘着的砂浆、沥青或水柏油应除净；缝隙、毛刺、掀岔和脂囊修整后，应用腻子填补，并用砂纸磨光；木材基层的含水率不得大于 12%。

3）金属表面：施涂前应将灰尘、油渍、鳞皮、锈斑、焊渣、毛刺等消除干净。

（2）打底子

1）抹灰或混凝土表面刷油性涂料时，可用清油打底。打底要求刷到刷匀，不能有遗漏和流淌现象。

2）木材表面涂刷混色涂料时，可用自配的清油打底；若涂刷清漆，则应用油粉或水粉进行润粉，填充木纹、虫眼，使表面平滑并起着色作用。

3）金属表面应刷防锈漆打底。

（3）刮腻子、磨光

刮腻子的层数随涂料工程质量等级的高低而定，每层腻子干燥后均须用砂纸磨光一遍。

（4）施涂涂料

1）刷涂要求：上道涂层干燥后，方可进行下道涂层施涂；挥发快和流平性差的涂料，不可重复回刷，注意每层应厚薄一致；第一道深层涂料稠度不宜过大，深层要薄，使基层快速吸收为佳。

2）辊涂要求：平面涂饰时，应用流平性好、黏度低的涂料；立面辊涂时，应用流平性小、黏度高的涂料；要适当用力压滚，以保证涂料厚薄均匀；接槎部位应用空辊子滚压一遍，以保护辊涂饰面的均匀、完整，不留痕迹。

3）喷涂：喷枪运行时，喷嘴中心线必须与墙、顶棚垂直，运行速度应均匀一致；

教材点睛 教材 P109～111（续）

涂层的接槎应留在分格缝处，门窗处以及不喷涂的部位，并应认真遮挡。喷涂操作一般应连续进行，一次成活，不得漏喷、流淌。

4）抹涂：用刷涂、辊涂方法先刷一层底层涂料做结合层；底层涂料涂饰后 2h 左右，即可用不锈钢抹压工具涂抹面层涂料，涂层厚度为 2～3mm；抹完后，间隔 1h 左右，用不锈钢抹子拍抹饰面压光。

巩固练习

1.【判断题】底层涂料涂饰后 2h 左右，即可用不锈钢抹压工具涂抹面层涂料，涂层厚度为 2～3mm。（　）

2.【判断题】抹灰或混凝土表面刷油性涂料时，应用油粉或水粉进行润粉，使表面平滑并起着色作用。（　）

3.【单选题】涂料类施工工艺的步骤不包括（　）。

A. 擦缝　B. 基层处理

C. 磨光　D. 打底子

4.【单选题】金属表面施涂前应消除处理的情形不包括（　）。

A. 锈斑　B. 油渍

C. 新刷的防锈漆　D. 焊渣

5.【单选题】刷涂一般采用（　）施涂。

A. 喷枪　B. 鬃刷或毛刷

C. 辊刷　D. 钢抹子

6.【单选题】木材表面基层的含水率不得大于（　）。

A. 2%　B. 8%

C. 10%　D. 12%

7.【单选题】内墙面层刮大白腻子一般不少于（　）遍。

A. 1　B. 2

C. 3　D. 4

8.【多选题】下列关于施涂涂料的做法中，正确的是（　）。

A. 喷涂喷嘴中心线必须与墙、顶棚垂直

B. 辊涂接槎部位应用空辊子滚压一遍

C. 刷涂挥发快和流平性差的涂料，须重复回刷

D. 抹涂涂层厚度为 2～3mm

E. 立面辊涂应用流平性小、黏度高的涂料

【答案】1. √；2. ×；3. A；4. C；5. B；6. D；7. B；8. ABDE

考点 47：墙面罩面板装饰施工工艺

教材点睛 教材 P111

1. 施工工艺流程

2. 施工要点

（1）处理墙面：如墙面平整误差在 10mm 以内，可采取抹灰修整；如误差大于 10mm，可在墙面与龙骨之间加垫木块修整；墙面潮湿，应待干燥后施工，或做防潮处理。

（2）弹线：根据木护墙板、木墙裙的设计高度，以 1m 标高控制线为依据，在墙面弹线。

（3）制作、固定木骨架：横龙骨间距一般为 400mm 左右，竖龙骨间距一般为 600mm 左右；面板厚度为 1mm 以上时，横龙骨间距可适当放大；墙面的阴阳角处必须加钉木龙骨。

（4）安装木饰面板：护墙板、木墙裙顶部要拉线找平；面板与墙体须离开一定距离，避免潮气对面板的影响；踢脚板固定在垫木及墙板上，冒头用木线条固定在护墙板上；护墙板、木墙裙安装后，涂刷清油一遍，以防止其他工种污染板面。

（5）安装收口线条：木压条规格尺寸要一致，木压条须钉在木钉上。

考点 48：软包墙面装饰施工工艺●

教材点睛 教材 P112

1. 施工工艺流程

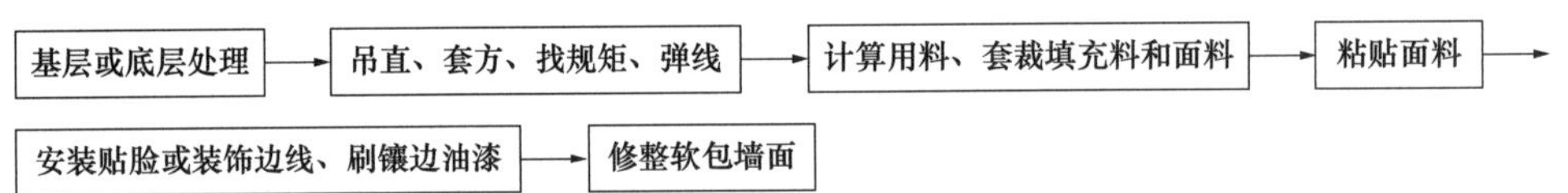

2. 施工要点

（1）基层或底层处理

1）在结构墙上预埋木砖、抹水泥砂浆找平层、刷喷冷底子油、铺贴一毡二油防潮层、安装 50mm×50mm 木墙筋（中距为 450mm）、上铺五层胶合板。

2）采取直接铺贴法时，先将底板拼缝用油腻子嵌平密实、满刮腻子 1～2 遍，待腻子干燥后用砂纸磨平；粘贴前，在基层表面满刷清油（清漆＋香蕉水）一道。

（2）计算用料、套裁填充料和面料：① 根据设计图纸的要求，确定软包墙面的具体做法；② 按照设计要求进行用料计算和底材（填充料）、面料套裁，要注意同一房

教材点睛 教材 P112（续）

间、同一图案与面料必须用同一卷材料和相同部位（含填充料）套裁面料。

（3）粘贴面料：按照设计图纸和造型的要求先粘贴填充料，然后把面料按照定位标志找好横竖坐标并上下摆正，用木条加钉子将上部临时固定，在将下端和两侧位置找好后，便可按设计要求粘贴面料。

（4）安装贴脸或装饰边线：根据设计选择加工好的贴脸或装饰边线，并按设计要求上漆，再与基层固定，最后修刷镶边油漆成活。

（5）软包墙面施工后须清除灰尘，处理钉粘保护膜的钉眼和胶痕等。

考点 49：裱糊类装饰施工工艺●

教材点睛 教材 P112 ～ 113

1. 施工工艺流程

（1）PVC 壁纸裱糊施工工艺流程：

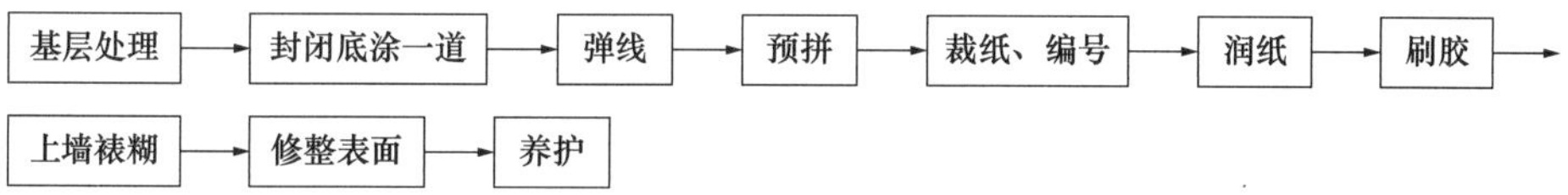

（2）金属壁纸裱糊施工工艺流程：

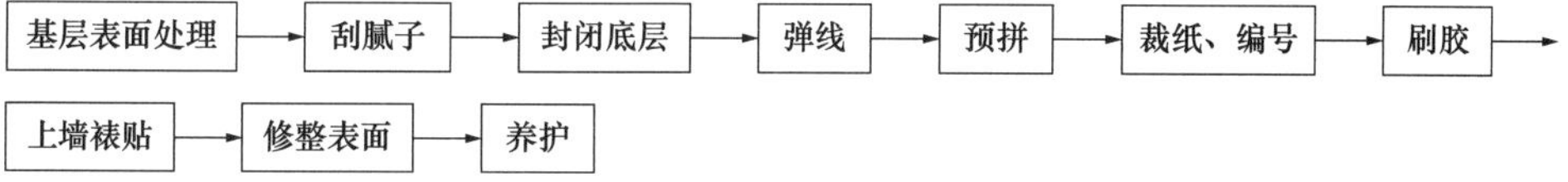

（3）锦缎裱糊施工工艺流程：

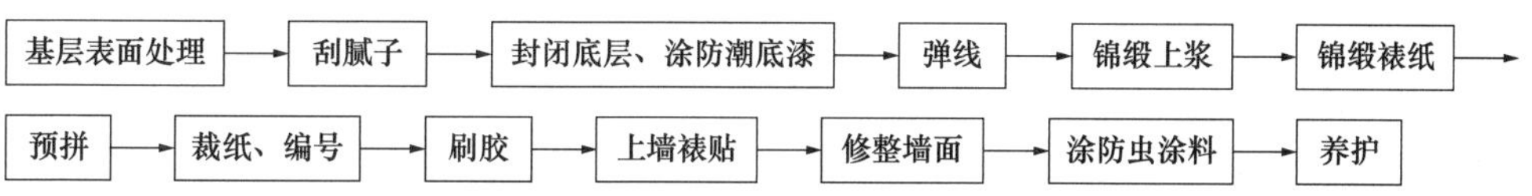

2. 施工要点（三种裱糊类装饰共同要点）

（1）基层表面必须平整光滑；混凝土及抹灰基层的含水率不小于 8%，木基层的含水率不小于 12% 时，方可粘贴壁纸；新抹水泥石灰膏砂浆基层常温龄期至少 10d 以上（冬季需 20d 以上），普通混凝土基层至少 28d 以上，才可裱糊装饰施工。

（2）刮腻子厚薄要均匀，且不宜过厚。

（3）施工前，须在墙面弹好线，以保证裱糊成品顺直。

（4）裱糊材料上墙前，墙面须均匀涂胶。裱贴时需用一定的力度张拉裱糊材料，以免裱糊材料起皱。

（5）裱糊完工后，要去除表面不洁之物，并注意保持温度与湿度适宜。

巩固练习

1.【判断题】罩面板装饰墙面基层平整误差在 12mm 以内，可采取抹灰修整的办法。（　　）

2.【判断题】软包墙应在房间内墙面未装修时插入软包墙面镶嵌贴装饰和安装工程。（　　）

3.【判断题】高级宾馆、饭店、娱乐建筑等多采用 PVC 壁纸裱糊。（　　）

4.【单选题】面板装饰施工工艺流程为（　　）。

A. 处理墙面→安装收口线条→制作、固定木骨架→弹线→安装木饰面板

B. 处理墙面→制作、固定木骨架→弹线→安装木饰面板→安装收口线条

C. 处理墙面→弹线→制作、固定木骨架→安装木饰面板→安装收口线条

D. 处理墙面→弹线→安装收口线条→制作、固定木骨架→安装木饰面板

5.【单选题】操作比较简单，但对基层或底板的平整度要求较高的软包墙面具体做法为（　　）。

A. 预制铺贴填充法　　B. 预制铺贴镶嵌法

C. 间接铺贴法　　D. 直接铺贴法

6.【单选题】PVC 壁纸裱糊施工工艺流程为（　　）。

A. 基层处理→弹线→预拼→封闭底涂一道→裁纸、编号→润纸→刷胶→上墙裱糊→修整表面→养护

B. 基层处理→弹线→预拼→裁纸、编号→润纸→刷胶→封闭底涂一道→上墙裱糊→修整表面→养护

C. 基层处理→封闭底涂一道→弹线→预拼→裁纸、编号→润纸→刷胶→上墙裱糊→修整表面→养护

D. 弹线→基层处理→预拼→裁纸、编号→刷胶→润纸→封闭底涂一道→上墙裱糊→修整表面→养护

7.【多选题】下列关于裱糊类装饰装修施工要点，正确的是（　　）。

A. 基层表面必须平整光滑，否则须处理后达到要求

B. 刮腻子厚薄要均匀，且不宜过薄

C. 裱糊类装饰施工前，需在墙面弹好线，以保证裱糊成品顺直

D. 裱糊材料上墙前，须刷胶，涂胶要均匀

E. 裱糊完工后，要除去表面不洁之物，并注意保持温度与湿度适宜

【答案】1. ×；2. ×；3. ×；4. C；5. D；6. C；7. ACDE

第五章　施工项目管理

第一节　施工项目管理的内容及组织

考点 50：施工项目管理的特点及内容

教材点睛　教材 P114 ~ 115

1. 施工项目管理的特点：① 主体是建筑企业；② 对象是施工项目；③ 管理内容是按阶段变化的；④ 要求是强化组织协调工作。

2. 施工项目管理的内容（八个方面）：① 建立施工项目管理组织；② 编制施工项目管理规划；③ 施工项目的目标控制；④ 施工项目的生产要素管理；⑤ 施工项目的合同管理；⑥ 施工项目的信息管理；⑦ 施工现场的管理；⑧ 组织协调。

考点 51：施工项目管理的组织机构★

教材点睛　教材 P115 ~ 119

1. 施工项目管理组织的主要形式：直线式、职能式、矩阵式、事业部式等。

2. 施工项目经理部：由企业授权，在施工项目经理的领导下建立的项目管理组织机构，是施工项目的管理层，其职能是对施工项目实施阶段进行综合管理。

（1）项目经理部的性质：相对独立性、综合性、临时性。

（2）建立施工项目经理部的基本原则

1）根据所设计的项目组织形式设置。

2）根据施工项目的规模、复杂程度和专业特点设置。

3）根据施工工程任务需要调整。

4）适应现场施工的需要。

（3）项目经理部部门设置（5 个基本部门）：经营核算部、技术管理部、物资设备供应部、质量安全部、安全后勤部。

（4）项目部岗位设置及职责

1）项目部设置最基本的六大岗位：施工员、质量员、安全员、资料员、造价员、测量员，其他还有材料员、标准员、机械员、劳务员等。

2）岗位职责

① 施工项目经理：施工项目的最高责任人和组织者，是决定施工项目盈亏的关键性角色。

教材点睛 教材P115～119（续）

② 项目技术负责人：在项目部经理的领导下，负责项目部施工生产、工程质量、安全生产和机械设备管理工作。

③ 施工员、质量员、安全员、资料员、造价员、测量员、材料员、标准员、机械员、劳务员都是项目的专业人员，是施工现场的管理者。

（5）项目经理部的解体：企业工程管理部门是项目经理部解体后处理善后工作的主管部门，主要负责项目经理部的解体后工程项目在保修期间问题的处理，包括因质量问题造成的返（维）修、工程剩余价款的结算以及回收等。

巩固练习

1.【判断题】施工项目管理是指建筑企业运用系统的观点、理论和方法对施工项目进行的决策、计划、组织、控制、协调等全过程的全面管理。（ ）

2.【判断题】在工程开工前，由项目经理组织编制施工项目管理实施规划，对施工项目管理从开工到交工验收进行全面的指导性规划。（ ）

3.【判断题】项目经理部是工程的主管部门，主要负责工程项目在保修期间问题的处理，包括因质量问题造成的返（维）修、工程剩余价款的结算以及回收等。（ ）

4.【判断题】在现代施工企业的项目管理中，施工项目经理是施工项目的最高责任人和组织者，是决定施工项目盈亏的关键性角色。（ ）

5.【判断题】施工现场包括红线以内占用的建筑用地和施工用地以及临时施工用地。（ ）

6.【单选题】下列关于施工项目管理的特点说法中，错误的是（ ）。

A. 对象是施工项目　　B. 主体是建设单位

C. 内容是按阶段变化的　　D. 要求强化组织协调工作

7.【单选题】下列选项中，不属于施工项目管理组织的主要形式的是（ ）。

A. 直线式　　B. 线性结构式

C. 矩阵式　　D. 事业部式

8.【单选题】下列关于施工项目管理组织形式的说法中，错误的是（ ）。

A. 线性组织适用于大型项目，工期要求紧，要求多工种、多部门配合的项目

B. 事业部式适用于大型经营型企业的工程承包

C. 部门控制式项目组织一般适用于专业性强的大中型项目

D. 矩阵式项目组织适用于同时承担多个需要进行项目管理工程的企业

9.【单选题】下列选项中不属于项目经理部性质的是（ ）。

A. 法律强制性　　B. 相对独立性

C. 综合性　　D. 临时性

10.【单选题】下列选项中，不属于建立施工项目经理部的基本原则的是（ ）。

A. 根据所设计的项目组织形式设置

B. 适应现场施工的需要

C. 满足建设单位关于施工项目目标控制的要求

D. 根据施工工程任务需要调整

11.【单选题】不属于施工项目经理部综合性主要表现的是（　　）。

A. 随项目开工而成立，随着项目竣工而解体

B. 管理职能是综合的

C. 管理施工项目的各种经济活动

D. 管理业务是综合的

12.【单选题】项目部设置的最基本的岗位不包括（　　）。

A. 统计员　　B. 施工员

C. 安全员　　D. 质量员

13.【多选题】施工项目管理周期包括（　　）、竣工验收、保修等。

A. 建设设想　　B. 工程投标

C. 签订施工合同　　D. 施工准备

E. 施工

14.【多选题】下列选项中，不属于施工项目管理的内容的是（　　）。

A. 建立施工项目管理组织　　B. 编制《施工项目管理目标责任书》

C. 施工项目的生产要素管理　　D. 施工项目的施工情况的评估

E. 施工项目的信息管理

15.【多选题】下列各部门中，项目经理部不需设置的是（　　）。

A. 经营核算部门　　B. 物资设备供应部门

C. 设备检查检测部门　　D. 测试计量部门

E. 企业工程管理部门

【答案】1. √；2. √；3. ×；4. √；5. ×；6. B；7. B；8. C；9. A；10. C；11. A；12. A；13. BCDE；14. BD；15. CE

第二节　施工项目目标控制

考点 52：施工项目目标控制★

教材点睛　教材 P120 ～ 126

1. 施工项目目标控制：主要包括施工项目进度控制、质量控制、成本控制、安全控制四个方面。

2. 施工项目目标控制的任务

（1）施工项目进度控制的任务：编制最优的施工进度计划；检查施工实际进度情况，对比计划进度，动态控制施工进程；出现偏差，分析原因和评估影响度，制订调整措施。

教材点睛 教材 P120～126（续）

（2）施工项目质量控制的任务：准备阶段编制施工技术文件，制定质量管理计划和质量控制措施，进行施工技术交底；施工阶段对实施情况进行监督、检查和测量，找出存在的质量问题，分析质量问题的成因，采取补救措施。

（3）施工项目成本控制的任务：开工前预测目标成本，编制成本计划；项目实施过程中，收集实际数据，进行成本核算；对实际成本和计划成本进行比较，如果发生偏差，应及时进行分析，查明原因，并及时采取有效措施，不断降低成本。将各项生产费用控制在原来所规定的标准和预算之内，以保证实现规定的成本目标。

（4）施工项目安全控制的任务（包括职业健康、安全生产和环境管理两个部分）。

1）职业健康管理的主要任务：制订并落实职业病、传染病的预防措施；为员工配备必要的劳动保护用品，按要求购买保险；组织员工进行健康体检，建立员工健康档案等。

2）安全生产管理的主要任务：制定安全管理制度、编制安全管理计划和安全事故应急预案；识别现场的危险源，采取措施预防安全事故；进行安全教育培训、安全检查，提高员工的安全意识和素质。

3）环境管理的主要任务：规范现场的场容环境，保持作业环境的整洁卫生，预防环境污染事件，减少施工对周围居民和环境的影响等。

3. 施工项目目标控制的措施

（1）施工项目进度控制的措施：组织措施、技术措施、合同措施、经济措施和信息管理措施等。

（2）施工项目质量控制的措施：提高管理、施工及操作人员素质；建立完善的质量保证体系；加强原材料的质量控制；提高施工质量管理水平；确保施工工序质量；加强施工项目过程控制（“三检”制）。

（3）施工项目安全控制的措施：安全制度措施、安全组织措施、安全技术措施。【详见表 5-1、表 5-2，P123～124】

（4）施工项目成本控制的措施：组织措施、技术措施、经济措施、合同措施。

巩固练习

1.【判断题】项目质量控制贯穿于项目施工的全过程。（　　）

2.【判断题】安全管理的对象是生产中一切人、物、环境、管理状态，安全管理是一种动态管理。（　　）

3.【单选题】施工项目的劳动组织不包括下列的（　　）。

A. 劳务输入　　B. 劳动力组织

C. 劳务队伍的管理　　D. 劳务输出

4.【单选题】施工项目目标控制包括：施工项目进度控制、施工项目质量控制、（　　）、施工项目安全控制四个方面。

A. 施工项目管理控制　　B. 施工项目成本控制

C. 施工项目人力控制　　D. 施工项目物资控制

5.【单选题】下列各项措施中，不属于施工项目质量控制的措施的是（　　）。

A. 提高管理、施工及操作人员自身素质

B. 提高施工质量管理水平

C. 尽可能采用先进的施工技术、方法和新材料、新工艺、新技术，保证进度目标实现

D. 加强施工项目过程控制

6.【单选题】施工项目过程控制中，加强专项检查，包括自检、（　　）、互检。

A. 专检　　B. 全检

C. 交接检　　D. 质检

7.【单选题】下列措施中，不属于施工项目安全控制的措施的是（　　）。

A. 组织措施　　B. 技术措施

C. 管理措施　　D. 制度措施

8.【单选题】下列措施中，不属于施工准备阶段的安全技术措施的是（　　）。

A. 技术准备　　B. 物资准备

C. 资金准备　　D. 施工队伍准备

9.【多选题】下列关于施工项目目标控制的措施说法中，错误的是（　　）。

A. 建立完善的工程统计管理体系和统计制度属于信息管理措施

B. 主要有组织措施、技术措施、合同措施、经济措施和管理措施

C. 落实施工方案，在发生问题时，能适时调整工作之间的逻辑关系，加快实施进度属于技术措施

D. 签订并实施关于工期和进度的经济承包责任制属于合同措施

E. 落实各层次进度控制的人员及其具体任务和工作责任属于组织措施

【答案】1. ×；2. √；3. D；4. B；5. C；6. A；7. C；8. C；9. BD

第三节　施工资源与现场管理

考点 53：施工资源与现场管理★●

教材点睛　教材 P126 ～ 128

1. 施工项目资源管理

（1）施工项目资源管理的内容：劳动力、材料、机械设备、技术和资金等。

（2）施工资源管理的任务：确定资源类型及数量；确定资源的分配计划；编制资源进度计划；施工资源进度计划的执行和动态调整。

2. 施工现场管理

（1）施工现场管理的任务

1）全面完成生产计划规定的任务，包含产量、产值、质量、工期、资金、成本、

教材点睛 教材 P126 ~ 128（续）

利润和安全等。

2）按施工规律组织生产，优化生产要素的配置，实现高效率和高效益。

3）搞好劳动组织和班组建设，不断提高施工现场人员的思想和技术素质。

4）加强定额管理，降低物料和能源的消耗，减少生产储备和资金占用，不断降低生产成本。

5）优化专业管理，建立完善管理体系，有效地控制施工现场的投入和产出。

6）加强施工现场的标准化管理，使人流、物流高效有序。

7）治理施工现场环境，改变“脏、乱、差”的状况，注意保护施工环境，做到施工不扰民。

（2）施工项目现场管理的内容：规划及报批施工用地；设计施工现场平面图；建立施工现场管理组织；建立文明施工现场；及时清场转移。

巩固练习

1.【判断题】施工项目的生产要素主要包括劳动力、材料、技术和资金。（　　）

2.【判断题】建筑辅助材料是指在施工中被直接加工，构成工程实体的各种材料。（　　）

3.【单选题】下列不属于施工资源管理任务的是（　　）。

A. 确定资源类型及数量　　B. 设计施工现场平面图

C. 编制资源进度计划　　D. 施工资源进度计划的执行和动态调整

4.【单选题】下列不属于施工项目现场管理内容的是（　　）。

A. 规划及报批施工用地　　B. 设计施工现场平面图

C. 建立施工现场管理组织　　D. 为项目经理决策提供信息依据

5.【单选题】资金管理的主要环节不包括（　　）。

A. 资金回笼　　B. 编制资金计划

C. 资金使用　　D. 筹集资金

6.【单选题】属于确定资源分配计划的工作是（　　）。

A. 确定项目所需的管理人员和工种　　B. 编制物资需求分配计划

C. 确定项目施工所需的各种物资资源　　D. 确定项目所需资金的数量

7.【多选题】下列属于施工项目资源管理的内容的是（　　）。

A. 劳动力　　B. 材料

C. 技术　　D. 机械设备

E. 施工现场

8.【多选题】下列选项中不属于施工资源管理任务的是（　　）。

A. 规划及报批施工用地　　B. 确定资源类型及数量

C. 确定资源的分配计划　　　　　　　D. 建立施工现场管理组织
E. 施工资源进度计划的执行和动态调整

9.【多选题】下列选项中属于施工现场管理的内容的是（　　）。

A. 落实资源进度计划　　　　　　　B. 设计施工现场平面图
C. 建立文明施工现场　　　　　　　D. 施工资源进度计划的动态调整
E. 及时清场转移

【答案】1. ×；2. ×；3. B；4. D；5. A；6. B；7. ABCD；8. AD；9. BCE

第六章　建 筑 力 学

第一节　平 面 力 系

考点 54：平面力系●

教材点睛　教材 P129 ～ 138

1. 力的基本性质

（1）力的基本概念

1）力的三要素：力的大小、力的方向和力的作用点。力的单位为牛顿（N）。

2）静力学公理：作用力与反作用力公理、二力平衡公理、加减平衡力系公理、力具有可传递性（加减平衡力系公理和力的可传递性原理都只适用于刚体）。

（2）约束与约束反力

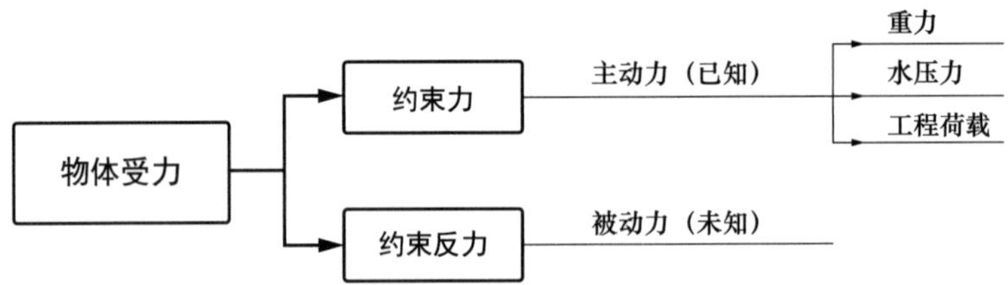

（3）受力分析

1）受力图绘制步骤：明确分析对象，画出分离简图；在分离体上画出全部主动力、约束反力，注意约束反力与约束应要相对应。

2）力的平行四边形法则：作用于物体上的同一点的两个力，可以合成为一个合力，合力的大小和方向由这两个力为边所构成的平行四边形的对角线来表示。

3）计算简图：用结构计算简图来代替实际结构，重点显示其基本特点，是力学计算的基础。

2. 平面汇交力系（凡各力的作用线都在同一平面内的力系）

（1）平面汇交力系的合成

1）力在坐标轴上的投影；力的投影从开始端到末端的指向，与坐标轴正向相同为正，反之为负。

2）平面汇交力系合成的解析法：根据合力投影定理（合力在任意轴上的投影等于各分力在同一轴上投影的代数和），将平面汇交力系中的力合成为一个合力。

3）力的分解：利用四边形法则进行力的分解。

4）力的分解和力的投影的区别与联系：分力是矢量，而投影为代数量；分力的大

教材点睛 教材 P129 ～ 138（续）

小等于该力在坐标轴上投影的绝对值，投影的正负号反映了分力的指向。

（2）平面汇交力系的平衡

1）平面一般力系的平衡条件：平面一般力系中各力在两个任选的直角坐标轴上的投影的代数和分别等于零，各力对任意一点力矩的代数和也等于零。

2）平面力系平衡的特例：平面汇交力系（所有力交汇于 O 点）、平面平行力系、平面力偶系。

3）荷载集度为常量，称为均匀分布荷载。均布荷载可简化计算：合力的大小 $F_q = qa$，合力作用于受载长度的中点。

3. 力偶、力矩的特性及应用

（1）力偶和力偶系

1）力偶的三要素：力偶矩的大小、转向和力偶的作用面的方位（凡是三要素相同的力偶，彼此相同，可以互相代替）。

2）力偶的性质

① 力偶无合力，只能用力偶来平衡，力偶在任意轴上的投影等于零。

② 力偶对其平面内任意点之矩，恒等于其力偶矩，而与矩心的位置无关。

3）力偶系的作用效果只能是产生转动，其转动效应的大小等于各力偶转动效应的总和。

（2）合力矩定理：合力对平面内任意一点之矩，等于所有分力对同一点之矩的代数和。

巩固练习

1.【判断题】力是物体之间相互的机械作用，这种作用的效果是使物体的运动状态发生改变，而无法使物体发生形变。（　　）

2.【判断题】两个物体之间的作用力和反作用力，总是大小相等，方向相反，沿同一直线，并同时作用在任意一个物体上。（　　）

3.【判断题】若物体相对于地面保持静止或匀速直线运动状态，则物体处于平衡状态。（　　）

4.【判断题】画受力图时，应该依据主动力的作用方向来确定约束反力的方向。（　　）

5.【判断题】在平面力系中，各力的作用线都汇交于一点的力系，称为平面汇交力系。（　　）

6.【单选题】刚体受三力作用而处于平衡状态，则此三力的作用线（　　）。

A. 必汇交于一点　　B. 必互相平行

C. 必皆为零　　D. 必位于同一平面内

7.【单选题】只限制物体任何方向移动，不限制物体转动的支座称为（　　）支座。

A. 固定铰　　　　B. 可动铰
C. 固定端　　　　D. 光滑面

8.【单选题】由绳索、链条、胶带等柔体构成的约束称为（　　）约束。

A. 光滑面　　　　B. 柔体
C. 链杆　　　　D. 固定端

9.【单选题】固定端支座不仅可以限制物体的（　　），还能限制物体的（　　）。

A. 运动，移动　　　　B. 移动，活动
C. 转动，活动　　　　D. 移动，转动

10.【单选题】平面汇交力系的平衡条件是（　　）。

A. $\sum X=0$　　　　B. $\sum Y=0$
C. $\sum X=0$ 和 $\sum Y=0$　　　　D. 都不正确

11.【多选题】两物体间的作用和反作用力总是（　　）。

A. 大小相等
B. 方向相反
C. 沿同一直线分别作用在两个物体上
D. 作用在同一个物体上
E. 方向一致

12.【多选题】下列各力为主动力的是（　　）。

A. 重力　　　　B. 水压力
C. 摩擦力　　　　D. 静电力
E. 挤压力

13.【多选题】下列约束类型正确的有（　　）。

A. 柔体约束　　　　B. 圆柱铰链约束
C. 可动铰支座　　　　D. 可动端支座
E. 固定铰支座

14.【多选题】作用在刚体上的三个相互平衡的力，若其中两个力的作用线相交于一点，则第三个力的作用线（　　）。

A. 一定不交于同一点　　　　B. 不一定交于同一点
C. 必定交于同一点　　　　D. 交于一点但不共面
E. 三个力的作用线共面

【答案】1. ×；2. ×；3. √；4. √；5. √；6. A；7. A；8. B；9. D；10. C；11. ABC；12. ABD；13. ABCE；14. CE

第二节　杆件的内力

考点 55：杆件的内力●

教材点睛　教材 P138 ~ 140

1. 单跨静定梁的内力

（1）静定梁的受力

1）静定结构在几何特性上属于无多余联系的几何不变体系。

2）单跨静定梁的形式：简支、伸臂和悬臂。

3）静定梁的受力（横截面上的内力）：轴力、剪力、弯矩（画图时需注明受力方向）。

（2）用截面法计算表达式

$\sum F_x$ =截面一侧所有外力在杆轴平行方向上投影的代数和。

$\sum F_y$ =截面一侧所有外力在杆轴垂直方向上投影的代数和。

$\sum M$ =截面一侧所有外力对截面形心力矩代数和，使隔离体下侧受拉为正。为便于判断哪边受拉，可假想该脱离体在截面处固定为悬臂梁。

2. 多跨静定梁内力的基本概念

（1）概念：指由若干根梁用铰相连，并用若干支座与基础相连而组成的静定结构。

（2）受力分析遵循先附属部分、后基本部分的分析计算顺序。

（3）多跨静定梁内力可使其自身和基本部分均产生内力和弹性变形。

3. 静定平面桁架内力的基本概念

桁架是由链杆组成的格构体系，当荷载仅作用在结点上时，杆件仅承受轴向力，截面上只有均匀分布的正应力，这是最理想的一种结构形式。

巩固练习

1.【判断题】多跨静定梁是由若干根梁用铰连接，并用若干支座与基础相连而组成的静定结构。（　　）

2.【判断题】静定结构只在荷载作用下才产生反力、内力。（　　）

3.【判断题】一般平面桁架内力分析利用截面法。（　　）

4.【单选题】多跨静定梁的受力分析遵循先（　　），后（　　）的分析计算顺序。

A. 附属部分；基本部分　　B. 基本部分；附属部分

C. 整体；局部　　D. 局部；整体

5.【单选题】静定结构的反力和内力只与结构的（　　）有关。

A. 形状　　B. 截面尺寸

C. 材料　　D. 尺寸、几何形状

6.【单选题】单跨静定梁的常见形式不包括（　　）。

A. 铰支　　　　　　　　　　　B. 伸臂

C. 悬臂　　　　　　　　　　　D. 简支

7.【单选题】以轴线变弯为主要特征的变形形式称为（　　）变形。

A. 剪切　　　　　　　　　　　B. 弯曲

C. 残余　　　　　　　　　　　D. 冷脆

8.【单选题】多跨静定梁基本部分上的荷载通过支座直接传于（　　）。

A. 基本部分　　　　　　　　　B. 主要部分

C. 地基　　　　　　　　　　　D. 附属部分

9.【单选题】桁架是由链杆组成的格构体系，当荷载仅作用在结点上时，杆件仅承受（　　）。

A. 剪力　　　　　　　　　　　B. 轴向力

C. 弯矩　　　　　　　　　　　D. 扭力

10.【多选题】静定结构的（　　）只产生位移。

A. 内力　　　　　　　　　　　B. 制造误差

C. 反力　　　　　　　　　　　D. 温度变化

E. 支座沉陷

【答案】1. √；2. √；3. √；4. A；5. D；6. A；7. B；8. C；9. B；10. BDE

第三节　杆件强度、刚度和稳定的基本概念

考点 56：杆件的强度、刚度和稳定性●

教材点睛　教材 P141 ～ 143

1. 变形固体的基本假设主要有：均匀性假设、连续性假设、各向同性假设、小变形假设。

（1）弹性变形：随外力的解除而变形也随之消失的变形。

（2）塑性变形：部分变形随外力的解除而不随之消失的变形。

2. 杆件的基本受力形式：轴向拉伸与压缩、剪切、扭转、弯曲。

3. 杆件强度：结构杆件在规定的荷载作用下，保证不因材料强度而发生破坏的要求。

4. 杆件刚度：指构件抵抗变形的能力。

（1）梁的挠度变形主要由弯矩引起，通常我们计算梁的最大挠度 $f_{max}=\frac{5qL^4}{384EI}$。

（2）影响弯曲变形（位移）的因素：材料性能、截面大小和形状、构件的跨度。

5. 杆件稳定性：指构件保持原有平衡状态的能力。保持稳定的平衡状态，就要满足所受最大压力 F_{max} 小于临界压力 F_{cr} 的要求。

巩固练习

1.【判断题】链杆可以受到拉压、弯曲、扭转作用。（　）

2.【判断题】梁通过混凝土垫块支承在砖柱上，不计摩擦时可视为可动铰支座。（　）

3.【判断题】轴线为直线的杆称为等直杆。（　）

4.【判断题】限制变形的要求即为刚度要求。（　）

5.【判断题】压杆的柔度越大，压杆的稳定性越差。（　）

6.【判断题】所受最大力大于临界压力，受压杆件保持稳定平衡状态。（　）

7.【判断题】剪切变形是在一对相距很近、大小相等、方向相反、作用线垂直于杆轴线的外力作用下，杆件的横截面沿外力方向发生的错动。（　）

8.【单选题】强度就是构件在外力作用下抵抗（　）的能力。

A. 破坏　　B. 平衡

C. 扭曲　　D. 剪切

9.【单选题】假设固体内部各部分之间的力学性质处处相同，为（　）。

A. 均匀性假设　　B. 连续性假设

C. 各向同性假设　　D. 小变形假设

10.【单选题】构件抵抗变形的能力是（　）。

A. 弯曲　　B. 刚度

C. 挠度　　D. 扭转

11.【单选题】构件保持原有平衡状态的能力是（　）。

A. 弯曲　　B. 刚度

C. 稳定性　　D. 扭转

12.【多选题】在工程结构中，杆件的基本受力形式有（　）。

A. 轴向拉伸与压缩　　B. 弯曲

C. 翘曲　　D. 剪切

E. 扭转

13.【多选题】影响弯曲变形（位移）的因素为（　）。

A. 材料性能　　B. 稳定性

C. 截面大小和形状　　D. 构件的跨度

E. 可恢复弹性范围

14.【多选题】变形固体的基本假设主要有（　）。

A. 均匀性假设　　B. 稳定性假设

C. 连续性假设　　D. 小变形假设

E. 各向同性假设

【答案】1. ×；2. √；3. ×；4. ×；5. √；6. ×；7. √；8. A；9. A；10. B；11. C；12. ABDE；13. ACD；14. ACDE

第七章　建筑构造与建筑结构

第一节　建筑构造的基本知识

考点 57：民用建筑的基本构造组成★

教材点睛　教材 P144 ～ 145

1. 民用建筑的七个主要构造：基础、墙体（柱）、屋顶、门与窗、地坪、楼板层、楼梯。

2. 民用建筑次要构造：阳台、雨篷、台阶、散水、通风道等。

3. 主要构造的功能及作用

（1）基础：位于建筑物的最下部，是建筑的重要承重构件，属于建筑的隐蔽部分。

（2）墙体或柱：具有承重、围护和分隔的功能。

1）墙体：具有足够的强度、刚度、稳定性、良好的热工性能及防火、隔声、防水、耐久能力。

2）柱：建筑物的竖向承重构件，要求具有足够的强度、稳定性。

（3）屋顶：由屋面、保温（隔热）层和承重结构三部分组成，具有抵御自然界风、雨、雪、日晒等不良因素的能力。

（4）门与窗：具有分隔房间、围护、采光、通风等作用，属于非承重结构的建筑构件。

（5）地坪：具有承担底层房间的地面荷载、防水、保温的功能。

（6）楼板：楼房建筑中的水平承重构件，兼有竖向划分建筑内部空间的功能。

（7）楼梯：是楼房建筑的垂直交通设施，也是紧急情况下的安全疏散通道。

考点 58：常见基础的构造

教材点睛　教材 P145 ～ 147

1. 基础：是建筑承重结构在地下的延伸，承担建筑上部结构的全部荷载，并把这些荷载有效地传给地基。

2. 地基与基础的传力关系

（1）基础要有足够的强度和整体性，同时还要有良好的耐久性以及抵抗地下各种不利因素的能力。

（2）地基的强度（俗称地基承载力）、变形性能直接关系到建筑的使用安全和整

教材点睛 教材 P145 ~ 147（续）

体的稳定性。

（3）地基类型：分为天然地基和人工地基两类。

3. 无筋扩展基础：多采用砖、毛石和混凝土制成，由于其自重大，耗材多，目前较少采用。

4. 扩展基础：利用设置在基础底面的钢筋来抵抗基底的拉应力，适宜在宽基、浅埋的工程。钢筋混凝土基础属于扩展基础，主要有条形、独立、井格、筏形及箱形等基础形式。

5. 桩基础：具有施工速度快、土方量小、适应性强等优点。根据桩的工作状态，桩可分为端承桩和摩擦桩。

巩固练习

1.【判断题】民用建筑通常由地基、墙或柱、楼板层、楼梯、屋顶、地坪、门窗等主要部分组成。（　　）

2.【判断题】桩基础具有施工速度快、土方量小、适应性强等优点。（　　）

3.【单选题】门与窗的作用不包括（　　）。

A. 采光、通风　　B. 围护

C. 分隔房间　　D. 防火隔声

4.【单选题】地基是承担（　　）传来的建筑全部荷载。

A. 基础　　B. 大地

C. 建筑上部结构　　D. 地面一切荷载

5.【单选题】基础承担建筑上部结构的（　　），并把这些（　　）有效地传给地基。

A. 部分荷载，荷载　　B. 全部荷载，荷载

C. 混凝土强度，强度　　D. 混凝土耐久性，耐久性

6.【单选题】属于桩基础组成的是（　　）。

A. 底板　　B. 承台

C. 垫层　　D. 桩间土

7.【多选题】屋顶由（　　）组成。

A. 主要结构　　B. 屋面

C. 保温（隔热）层　　D. 承重结构

E. 次要结构

8.【多选题】按照基础形态可以分为（　　）。

A. 独立基础　　B. 扩展基础

C. 无筋扩展基础　　D. 条形基础

E. 井格式基础

9.【多选题】钢筋混凝土基础可以加工成（　　）基础。

A. 条形　　B. 环形
C. 圆柱形　　D. 独立
E. 井格

【答案】1. ×；2. √；3. D；4. A；5. B；6. B；7. BCD；8. ADE；9. ADE

考点 59：墙体和地下室的构造

教材点睛　教材 P147 ～ 152

1. 墙体分类

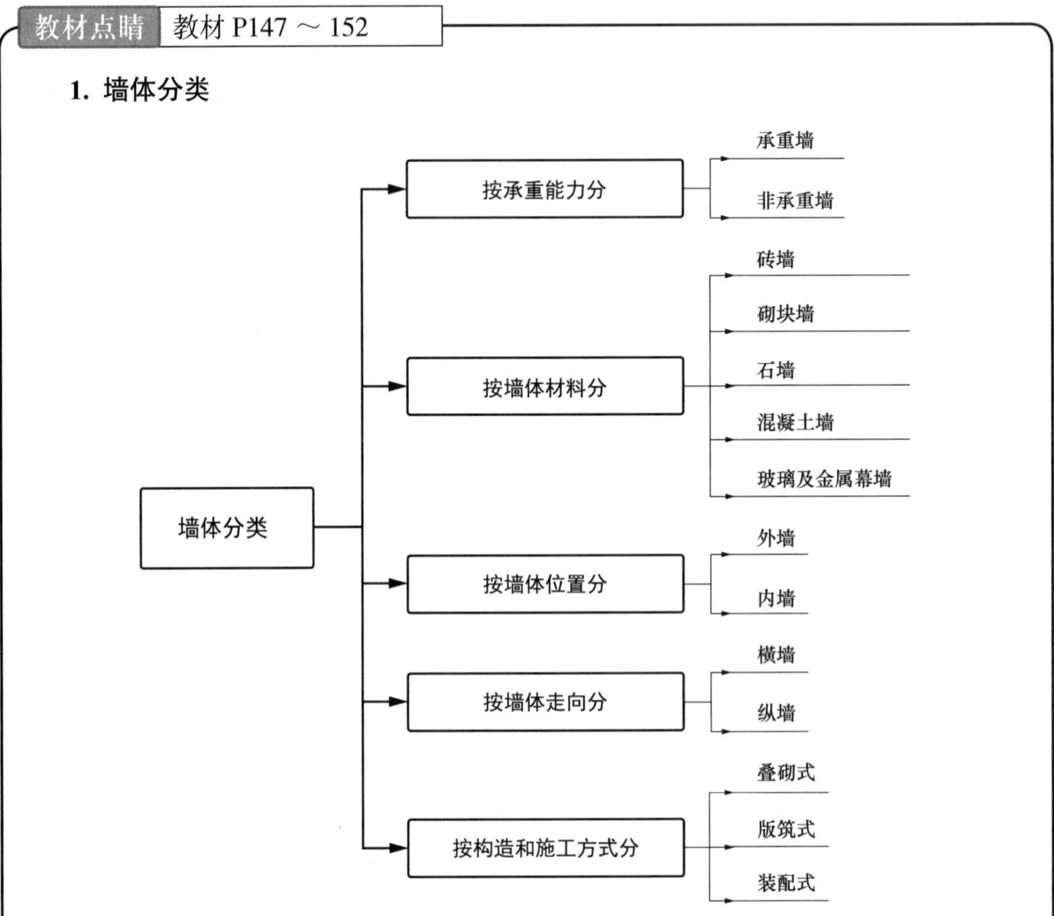

2. 墙体需要满足四个方面的要求：①有足够的强度和稳定性；②满足热工方面的要求；③有足够的防火能力；④有良好的物理性能。

3. 砌块墙的细部构造包括：散水（散水坡）、墙身防潮层、勒脚、窗台、门窗过梁、圈梁、通风道、构造柱、复合墙体（外墙外保温墙体、内墙内保温墙体）等。

4. 隔墙的构造

（1）隔墙的分类有：砌筑隔墙、立筋隔墙和条板隔墙。

（2）隔墙的构造要求：自重轻、厚度薄、有良好的物理性能与装拆性。

（3）常见隔墙的构造：砌块隔墙、轻钢龙骨石膏板隔墙、水泥玻璃纤维空心条板隔墙。

教材点睛 教材 P147～152（续）

5. 地下室防潮及防水构造

（1）防潮构造：在地下室墙体外表面抹 20mm 厚 1∶2 防水砂浆，地下室的底板做防潮处理，然后把地下室墙体外侧周边用透水性差的黏土、灰土分层回填夯实。

（2）地下室防水构造方案：有隔水法（卷材防水、构件自防水）、排水法、综合法三种。

巩固练习

1.【判断题】悬挑窗台底部边缘应做滴水。（ ）

2.【判断题】勒脚的作用是为了防止雨水侵蚀这部分墙体，但不具有美化建筑立面的功效。（ ）

3.【判断题】内保温复合墙体的优点是保温材料设置在墙体的内侧，保温材料不受外界因素的影响，保温效果好。（ ）

4.【单选题】下列材料中不可以用作墙身防潮层的是（ ）。

A. 油毡　　B. 防水砂浆

C. 细石混凝土　　D. 碎砖灌浆

5.【单选题】当首层地面为实铺时，防潮层的位置通常选在（ ）处。

A. −0.030m　　B. −0.040m

C. −0.050m　　D. −0.060m

6.【单选题】严寒或寒冷地区外墙中，采用（ ）过梁。

A. 矩形　　B. 正方形

C. T 形　　D. L 形

7.【单选题】我国中原地区应用得比较广泛的是（ ）。

A. 中填保温材料复合墙体　　B. 内保温复合墙体

C. 外保温复合墙体　　D. 双侧保温材料复合墙体

8.【单选题】炉渣和陶粒混凝土砌块厚度通常为（ ）mm，加气混凝土砌块多采用（ ）mm。

A. 90，100　　B. 100，90

C. 80，120　　D. 120，80

9.【单选题】防潮构造：首先要在地下室墙体表面抹（ ）防水砂浆。

A. 30mm 厚 1∶2　　B. 25mm 厚 1∶3

C. 30mm 厚 1∶3　　D. 20mm 厚 1∶2

10.【多选题】下列关于窗台的说法中，正确的是（ ）。

A. 悬挑窗台挑出的尺寸不应小于 80mm

B. 悬挑窗台常用砖砌或采用预制钢筋混凝土

C. 内窗台的窗台板一般采用预制水磨石板或预制钢筋混凝土板制作

D. 外窗台的作用主要是排除下部雨水

E. 外窗台应向外形成一定坡度

【答案】1. √；2. ×；3. √；4. D；5. D；6. D；7. B；8. A；9. D；10. BCE

考点 60：楼板的构造

教材点睛 教材 P152～155

1. 楼板构造

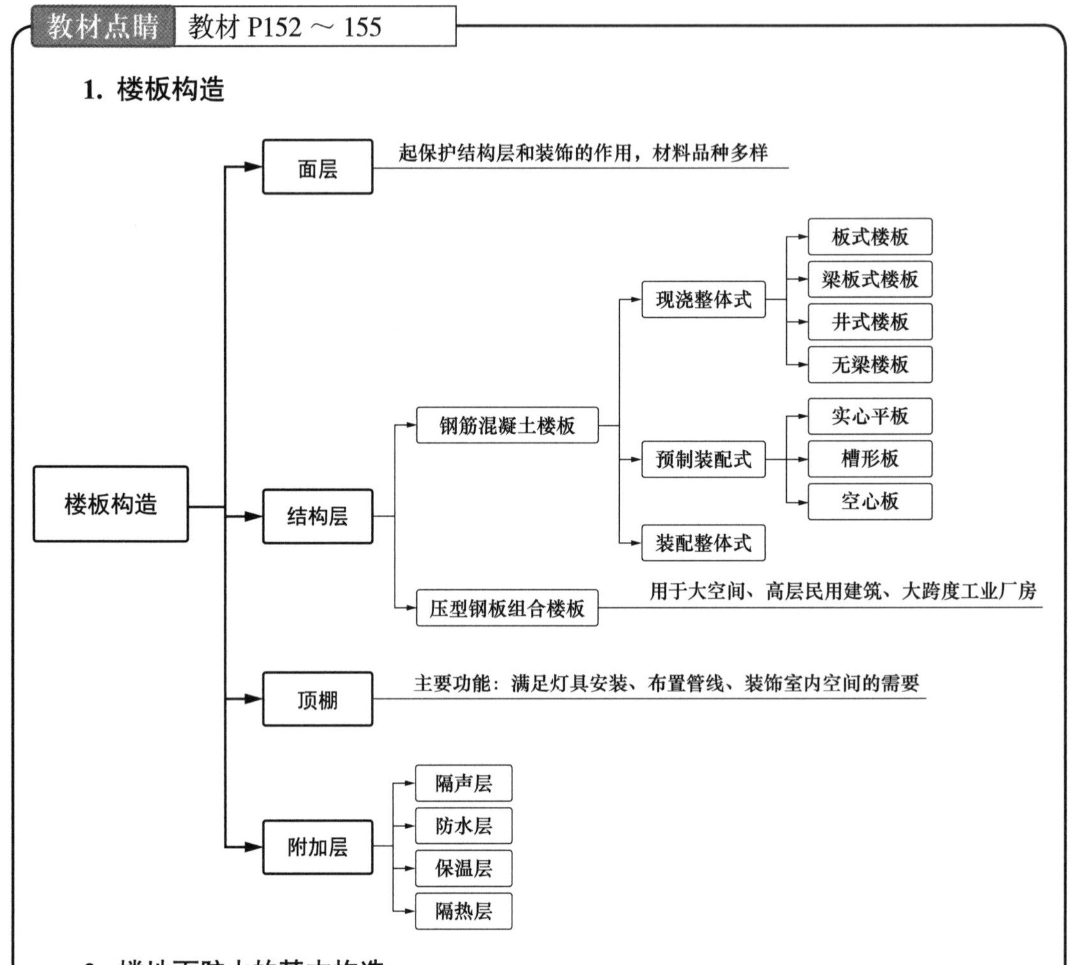

2. 楼地面防水的基本构造

（1）地面排水：地面应有一定的坡度，一般为 1%～1.5%，并设置地漏，进行有组织排水。有水房间地面完成面应比相邻房间地面低 10～20mm。

（2）地面防水：常见的防水材料有卷材、防水砂浆和防水涂料；地面防水层应沿周边向上泛起至少 150mm；当遇到门洞口时，应将防水层向外延伸 250mm 以上；穿越楼地面的竖向管道须预埋比竖管管径稍大的套管，高出地面 30mm 左右，并在缝隙内填塞弹性防水材料。

巩固练习

1.【判断题】楼面层对楼板结构起保护和装饰作用。（　　）

2.【单选题】大跨度工业厂房应用（　　）。

A. 钢筋混凝土楼板　　B. 压型钢板组合楼板

C. 木楼板　　D. 竹楼板

3.【单选题】平面尺寸较小的房间应用（　　）。

A. 板式楼板　　B. 梁板式楼板

C. 井式楼板　　D. 无梁楼板

4.【单选题】下列对预制板的叙述错误的是（　　）。

A. 空心板是一种梁板结合的预制构件

B. 槽形板是一种梁板结合的构件

C. 结构布置时应优先选用窄板，宽板作为调剂使用

D. 预制板的板缝内用细石混凝土现浇

5.【单选题】为了提高板的刚度，通常在板的两端设置（　　）封闭。

A. 中肋　　B. 劲肋

C. 边肋　　D. 端肋

6.【单选题】对于防水要求较高的房间，应在楼板与面层之间设置防水层，并将防水层沿周边向上泛起至少（　　）mm。

A. 100　　B. 150

C. 200　　D. 250

7.【多选题】下列说法中正确的是（　　）。

A. 房间的平面尺寸较大时，应用板式楼板

B. 井字楼板有主梁、次梁之分

C. 平面尺寸较大且平面形状为方形的房间，应用井式楼板

D. 无梁楼板直接将板面荷载传递给柱子

E. 无梁楼板的柱网应尽量按井字网格布置

8.【多选题】对于板的搁置要求，下列说法中正确的是（　　）。

A. 搁置在墙上时，支撑长度一般不能小于 80mm

B. 搁置在梁上时，支撑长度一般不宜小于 100mm

C. 空心板在安装前应在板的两端用砖块或混凝土堵孔

D. 板的端缝处理一般是用细石混凝土灌缝

E. 板的侧缝起着协调板与板之间的共同工作的作用

【答案】1. √；2. B；3. A；4. C；5. D；6. B；7. CD；8. CDE

考点 61：垂直交通设施的一般构造●

教材点睛 教材 P155～159

1. 建筑垂直交通设施： 主要包括楼梯、电梯与自动扶梯。

2. 楼梯： 由楼梯段、楼梯平台以及栏杆组成。其中，楼梯段和楼梯平台是楼梯的主要功能构件。

3. 楼梯的分类

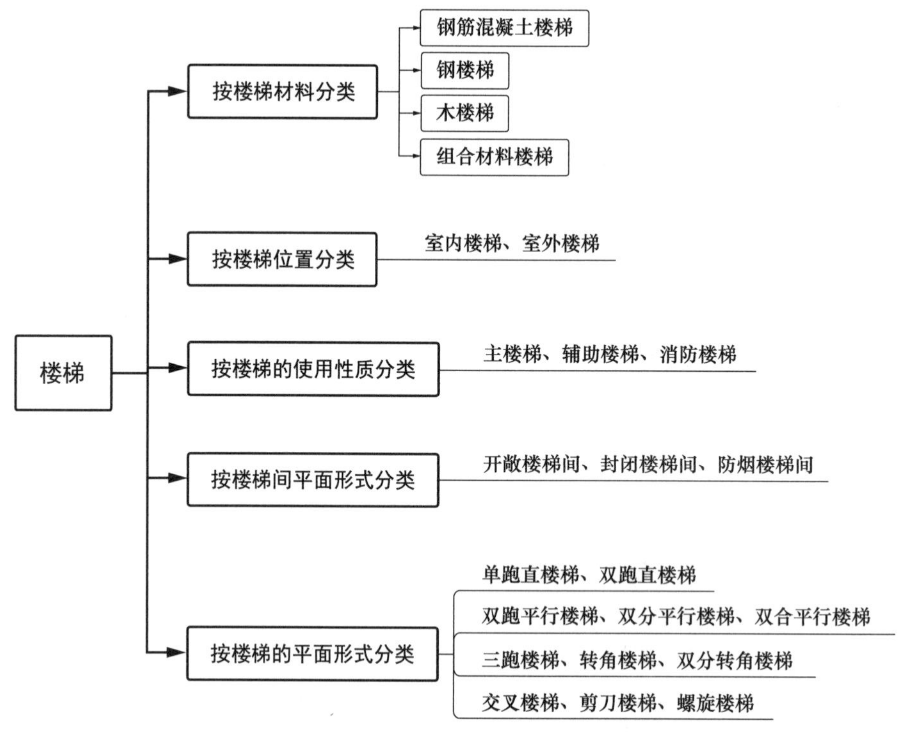

4. 钢筋混凝土楼梯的构造（分现浇和预制装配式两大类）

（1）现浇钢筋混凝土楼梯：整体性好、承载力高、刚度大，施工时无须大型起重设备；分为板式和梁式楼梯两种类型；板式楼梯适用于荷载较小或层高较小的建筑；梁式楼梯适用于荷载较大或层高较大的建筑。

（2）预制装配式钢筋混凝土楼梯：分为小型构件装配式和中大型构件装配式两种；常采用干式连接构造。

（3）楼梯的细部构造：包括踏步面层、踏步细部、栏杆和扶手。

5. 坡道及台阶构造

（1）台阶：踏步高度不宜小于 100mm，高差不足以设置台阶时，应用坡道连接；室外台阶应采用防滑面层。

（2）坡道：分为行车坡道和轮椅坡道两类，其中轮椅坡道是公共建筑和住宅必备的交通设施之一。

教材点睛 教材 P155 ~ 159（续）

6. 电梯与自动扶梯构造

（1）电梯：由井道、机房和轿厢三部分组成。

（2）自动扶梯：由电机驱动、踏步与扶手同步运行，可上、下行，室内室外均可安装，停机时可作临时楼梯使用；布置方式有并联排列式、平行排列式、串联排列式、交叉排列式等。

巩固练习

1.【判断题】中、大型构件装配式楼梯一般把踏步板和平台板作为基本构件。（ ）

2.【判断题】楼梯栏杆多采用金属材料制作。（ ）

3.【判断题】电梯机房应留有足够的管理、维护空间。（ ）

4.【单选题】不属于梁承式楼梯构件关系的是（ ）。

A. 踏步板搁置在斜梁上　　B. 平台梁搁置在两边侧墙上

C. 斜梁搁置在平台梁上　　D. 踏步板搁置在两侧的墙上

5.【单选题】预制装配式钢筋混凝土楼梯根据（ ）可分为小型构件装配式楼梯和中大型构件装配式楼梯。

A. 组成楼梯的构件尺寸及装配程度　　B. 施工方法

C. 构件的质量　　D. 构件的类型

6.【单选题】不属于小型构件装配式楼梯的是（ ）。

A. 墙承式楼梯　　B. 折板式楼梯

C. 梁承式楼梯　　D. 悬臂式楼梯

7.【多选题】下列关于坡道和楼梯的说法中，正确的是（ ）。

A. 坡道和爬梯是垂直交通设施

B. 一般认为 28° 左右是楼梯的适宜坡度

C. 楼梯平台的净宽度不应小于楼梯段的净宽，并且不小于 1.5m

D. 楼梯井宽度一般在 100mm 左右

E. 非主要通行的楼梯，应满足两个人能相对通行

8.【多选题】下列关于坡道的说法中，正确的是（ ）。

A. 行车坡道是为了解决车辆进出或接近建筑而设置的

B. 普通行车坡道布置在重要办公楼、旅馆、医院等处

C. 光滑材料面层坡道的坡度一般不大于 1：3

D. 回车坡道通常与台阶踏步组合在一起，可以减少使用者下车之后的行走距离

E. 回车坡道的宽度与车道的回转半径及通行车辆的规格无关

【答案】1. ×；2. √；3. √；4. D；5. A；6. B；7. AD；8. AD

考点 62：屋顶的基本构造★●

教材点睛 教材 P159 ～ 167

1. 屋面结构与构造要求： 良好的围护功能，可靠的结构安全性，美观的艺术形象，施工和保养的便捷，保温（隔热）和防雨性能可靠，自重轻、耐久性好、经济合理。

2. 屋顶的类型

（1）按屋顶的外形分类：平屋顶、坡屋顶和曲面屋顶三种类型。

（2）按屋面防水材料分类：柔性防水屋面、刚性防水屋面、构件自防水屋面、瓦屋面。

3. 屋顶的防水及排水构造

（1）屋顶的排水方式：分为无组织排水和有组织排水（外排水、内排水）两种类型。

（2）平屋顶的防水构造：分为刚性防水屋面、柔性防水屋面两种类型。

1）刚性防水屋面构造：分为防水层、隔离层、找平层和结构层四个构造层次。

2）柔性防水屋面构造：分为保护层、防水层、找平层和结构层四个构造层次。

（3）坡屋顶面层做法有彩色压型钢板屋面、沥青瓦屋面、小青瓦（筒瓦）屋面、平瓦屋面、波形瓦屋面等。

4. 屋顶的保温与隔热构造

（1）平屋顶的保温构造

1）保温材料：分为散料（膨胀珍珠岩、炉渣等）、现场浇筑的拌合物和板块料（聚苯板、加气混凝土板、泡沫塑料板等）三种。

2）保温层位置：① 设置在结构层与防水层之间；② 设置在防水层上面；③ 设置在保温层与结构层结合处。

（2）平屋顶的隔热构造：有设置架空隔热层、利用实体材料隔热、利用材料反射降温隔热三种形式。

（3）坡屋顶保温：按放置位置分为上弦保温、下弦保温和构件自保温三种形式。

（4）坡屋顶的隔热构造：通常设置“黑顶棚”或带架空层的双层坡屋面，在山墙设窗或在屋面设置老虎窗作为进风口，在屋脊处设排风口，利用压力差组织空气对流。

5. 屋顶的细部构造

（1）平屋顶的细部构造：包括泛水构造、分仓缝构造、雨水口构造、檐口构造等。

（2）坡屋顶的细部构造：包括檐口、山墙、天沟以及通风道、老虎窗等出屋面的泛水构造。

巩固练习

1.【判断题】屋顶主要起承重和围护作用，它对建筑的外观和体型没有影响。（ ）

2.【判断题】无组织排水常用于建筑标准较低的低层建筑或雨水较少的地区。 （　　）

3.【判断题】保温层只能设在防水层下面，不能设在防水层上面。 （　　）

4.【单选题】下列关于屋顶的叙述中，错误的是（　　）。

A. 屋顶是房屋最上部的外围护构件　　B. 屋顶是建筑造型的重要组成部分

C. 屋顶对房屋起水平支撑作用　　D. 结构形式与屋顶坡度无关

5.【单选题】“倒铺法”保温的构造层次依次是（　　）。

A. 保温层　防水层　结构层　　B. 防水层　结构层　保温层

C. 防水层　保温层　结构层　　D. 保温层　结构层　防水层

6.【单选题】泛水要具有足够的高度，一般不小于（　　）mm。

A. 100　　B. 200

C. 250　　D. 300

7.【多选题】屋顶按屋面的防水材料分为（　　）。

A. 柔性防水屋面　　B. 刚性防水屋面

C. 构件自防水屋面　　D. 塑胶防水屋面

E. 瓦屋面

8.【多选题】下列说法中正确的是（　　）。

A. 有组织排水速度比无组织排水慢、构造比较复杂、造价也高

B. 有组织排水时会在檐口处形成水帘，落地的雨水四溅，对建筑勒脚部位影响较大

C. 寒冷地区冬季适用无组织排水

D. 有组织排水适用于周边比较开阔、低矮（一般建筑不超过 10m）的次要建筑

E. 有组织排水中雨水的排除过程是在事先规划好的途径中进行的，克服了无组织排水的缺点

9.【多选题】下列材料中可用作屋面防水层的是（　　）。

A. 沥青卷材　　B. 水泥砂浆

C. 细石混凝土　　D. 碎砖灌浆

E. 聚氨酯防水涂料

【答案】1. ×；2. √；3. ×；4. D；5. A；6. C；7. ABCE；8. AE；9. ACE

考点 63：变形缝的构造★●

教材点睛　教材 P167 ～ 170

1. 变形缝：包括伸缩缝（温度缝）、沉降缝和防震缝三种缝型。

2. 伸缩缝（温度缝）

（1）作用：防止因环境温度变化引起的变形对建筑产生破坏作用而设置的。

（2）伸缩缝的设置原则：尽量设置在建筑中段；两个独立的结构与构造单元之间；建筑横墙对位的部位。

教材点睛 教材 P167～170（续）

（3）伸缩缝的细部构造（宽度为 20～30mm）

1）墙体伸缩缝的构造：缝型主要有平缝、错口缝和企口缝三种；外墙外表面缝口用薄金属板或油膏进行盖缝处理，内表面及内墙缝口用装饰效果较好的木条或金属条盖缝；缝内填充柔性保温材料。

2）楼地面伸缩缝的构造：缝内采用弹性材料做嵌固处理。地面缝口用金属、橡胶或塑料压条盖缝，顶棚缝口用木条、金属压条或塑料压条盖缝。

3）屋面伸缩缝的构造：与屋面的防水构造类似。

3. 沉降缝

（1）作用：防止由于建筑不均匀沉降引起的变形带来的破坏作用而设置，可代替伸缩缝发挥作用。

（2）沉降缝的设置：根据地基情况、建筑自重、结构形式的差异、施工期的间隔等因素确定。

（3）沉降缝的细部构造：与伸缩缝细部构造类似。

4. 防震缝

（1）作用：提高建筑的抗震能力，避免或减少地震对建筑的破坏作用而设置。

（2）防震缝的构造处理：防震缝的基础一般不需要断开。在实际工程中，往往把防震缝与沉降缝、伸缩缝统一布置，以使结构和构造的问题一并解决。重点确保盖缝条的牢固性以及对变形的适应能力。

巩固练习

1.【判断题】沉降缝与伸缩缝的主要区别在于墙体是否断开。（　　）

2.【判断题】沉降缝是为了防止不均匀沉降对建筑带来的破坏作用而设置的，其缝宽应大于 100mm。（　　）

3.【判断题】伸缩缝可代替沉降缝。（　　）

4.【单选题】伸缩缝是为了预防（　　）对建筑物的不利影响而设置的。

A. 荷载过大　　B. 地基不均匀沉降

C. 地震　　D. 温度变化

5.【单选题】温度缝又称伸缩缝，是将建筑物（　　）断开。Ⅰ. 地基基础，Ⅱ. 墙体，Ⅲ. 楼板，Ⅳ. 楼梯，Ⅴ. 屋顶

A. Ⅰ、Ⅱ、Ⅲ　　B. Ⅰ、Ⅲ、Ⅴ

C. Ⅱ、Ⅲ、Ⅳ　　D. Ⅱ、Ⅲ、Ⅴ

6.【单选题】下列关于变形缝说法中，正确的是（　　）。

A. 伸缩缝基础埋于地下，虽然受气温影响较小，但必须断开

B. 沉降缝从房屋基础到屋顶全部构件断开

C. 一般情况下防震缝以基础断开设置为宜

D. 不可以将上述三缝合并设置

7. 【单选题】防震缝的设置是为了预防（　　）对建筑物的不利影响。

A. 温度变化　　　　B. 地基不均匀沉降

C. 地震　　　　D. 荷载过大

8. 【单选题】下列关于防震缝说法中，不正确的是（　　）。

A. 防震缝不可以代替沉降缝

B. 防震缝应沿建筑的全高设置

C. 一般情况下防震缝以基础断开设置

D. 建筑物相邻部分的结构刚度和质量相差悬殊时应设置防震缝

9. 【多选题】下列关于变形缝的描述中，（　　）是不正确的。

A. 伸缩缝可以兼作沉降缝

B. 伸缩缝应将结构从屋顶至基础完全分开，使缝两边的结构可以自由伸缩，互不影响

C. 凡应设变形缝的厨房，二缝宜合一，并应按沉降缝的要求加以处理

D. 防震缝应沿厂房全高设置，基础可不设缝

E. 屋面伸缩缝主要是解决防水和保温的问题

【答案】1. ×；2. ×；3. ×；4. D；5. D；6. B；7. C；8. C；9. ABCE

考点 64：幕墙一般构造

教材点睛　教材 P170 ～ 173

1. 幕墙的特点

（1）装饰效果好、造型美观，丰富了墙面装饰的类别；

（2）通常采用拼装组合式构件、施工速度快，维护方便；

（3）自重较轻，具有较好的物理性能；

（4）造价偏高，施工难度较大，部分玻璃幕墙的技能效果不理想，存在光污染现象。

2. 玻璃幕墙构造

（1）按安装骨架或玻璃固定方式分为：有框式玻璃幕墙、点式玻璃幕墙、全玻璃式幕墙。

（2）玻璃幕墙主要材料构成有：玻璃、支撑材料、连接构件和粘结密封材料。

（3）玻璃幕墙构造要求：应具有良好的结构安全性，满足防雷、防火、通风换气等要求。

3. 石材幕墙构造

（1）石材幕墙的分类

1）按照面板分类：可以分为天然石材幕墙和人造石材幕墙两种。

2）按照安装体系分类：可以分为有骨架体系和无骨架体系两种。

教材点睛 教材 P170～173（续）

（2）石材幕墙构造要求：饰面板材与主体结构之间一般需要留有 80～100mm 的空隙。墙面线脚、门窗洞口处、墙面转角处进行专门的设计和排板。

4. 金属幕墙构造

（1）按照固定面板的方式不同，分为附着式和骨架式两种类型。

1）附着式金属幕墙是把金属面板直接安装在主体结构的固定件上。

2）骨架式金属幕墙是把金属面板安装在支撑骨架上，类似于隐框玻璃幕墙的构造。

（2）骨架式金属幕墙的构造：一般采用铝合金骨架，与建筑主体结构（如墙体、柱、梁等）连接固定，然后把金属面板通过连接件固定在骨架上，也可以把若干块金属面板组合固定在框格上，然后再固定。

巩固练习

1.【判断题】幕墙既可以作为墙体的外装饰，又可以作为建筑的围护结构。（　　）

2.【判断题】有框式玻璃幕墙存在骨架与主体建筑为刚性连接，受建筑变形影响大的缺陷。（　　）

3.【判断题】无骨架体系石材幕墙是普遍采用的一种体系。（　　）

4.【单选题】下列不属于玻璃幕墙的是（　　）。

A. 有框式玻璃幕墙　　B. 有骨架式幕墙

C. 点式玻璃幕墙　　D. 全玻璃式幕墙

5.【单选题】既可以用在室外，也可以用在室内的石材幕墙为（　　）。

A. 天然石材幕墙　　B. 人造石材幕墙

C. 有骨架石材幕墙　　D. 无骨架石材幕墙

6.【单选题】把金属板直接安装在主体结构的固定件上的是（　　）。

A. 骨架式金属幕墙　　B. 附着式金属幕墙

C. 薄铝板幕墙　　D. 不锈钢板幕墙

7.【多选题】下列关于幕墙特点的说法中，正确的是（　　）。

A. 装饰效果好、造型美观　　B. 通常采用整体式构件，施工速度快

C. 自重较轻，具有较好的物理性能　　D. 造价偏高，施工难度较大

E. 存在光污染现象

8.【多选题】下列关于幕墙的说法中，正确的是（　　）。

A. 保证幕墙与建筑主体之间连接牢固

B. 形成自身防雷体系，不用与主体建筑的防雷装置有效连接

C. 幕墙后侧与主体建筑之间不能存在缝隙

D. 在幕墙与楼板之间的缝隙内填塞岩棉，并用耐热钢板封闭

E. 幕墙的通风换气可以用开窗的办法解决

9.【多选题】下列关于幕墙的说法中，正确的是（　　）。

A. 饰面板材与主体结构之间不存在缝隙

B. 利用高强度、耐腐蚀的连接铁件把板材固定在金属支架上

C. 饰面板材与主体结构之间一般需要用密封胶嵌缝

D. 安装幕墙时留出必要的安装空间

E. 安装幕墙时对墙面线脚、门窗洞口处、墙面转角处进行专门的设计和排板

【答案】1. √；2. √；3. ×；4. B；5. A；6. B；7. ACDE；8. ACDE；9. BDE

考点 65：民用建筑室内装饰构造●

教材点睛 教材 P173 ～ 183

1. 建筑室内地面的装饰构造

（1）基本要求：坚固耐磨、热工性能好、具有一定的弹性、隔声能力强、其他特殊要求（防潮防水）等。

（2）地面组成：面层、结构层或垫层、基土或基层、附加层（防潮防水层、管线敷设层、保温隔热层等）。

（3）地面常见的装饰构造分为四种类型：整体地面（水泥砂浆地面、水磨石地面等）、块材地面（陶瓷类板块地面、天然石材地面、人造石材地面、木地板等）、卷材地面（软质聚氯乙烯塑料地毡、橡胶地毡、地毯等）和涂料地面（油漆、人工合成高分子涂料等）。

2. 建筑室内墙面的装饰构造

（1）墙面装饰的构造要求：具有良好的色彩、观感和质感、便于清扫和维护；满足使用功能对室内光线、音质的要求；室外装饰应选择强度高、耐候性好的装饰材料；施工方便、节能环保、造价合理。

（2）墙面常见的装饰构造：抹灰类墙面、贴面类墙面（饰面砖墙面、陶瓷锦砖墙面、石板墙面）、涂刷类墙面（无机涂料墙面、有机涂料墙面）、裱糊类墙面（PVC 塑料壁纸墙面、复合壁纸墙面、玻璃纤维墙面）、铺钉类墙面（木骨架结构墙面、金属骨架结构墙面）。

3. 顶棚的一般装饰构造

（1）顶棚装饰的构造要求：具有良好的装饰效果，满足室内空间的需要；具有足够的防火能力，满足有关的技术要求；能够解决室内音质、照明的要求，有时还要满足隔热、通风等要求。

（2）常见顶棚的装饰构造：直接顶棚（抹灰顶棚、直接铺钉饰面板顶棚）、吊顶棚（轻钢龙骨吊顶、矿棉吸声板吊顶、金属方板吊顶、开敞式吊顶）。

巩固练习

1.【判断题】民用建筑地面装饰的构造要求是坚固耐磨、硬度适中、热工性能好、隔声能力强等。（　　）

2.【判断题】地面常见的装饰构造有整体地面、块材地面、卷材地面和涂料地面。（　　）

3.【单选题】墙面常见的装饰构造不包括（　　）。

A. 涂刷类墙面　　B. 抹灰类墙面

C. 贴面类墙面　　D. 浇筑类墙面

4.【单选题】下列选项中属于整体地面的是（　　）。

A. 釉面地砖地面；抛光砖地面　　B. 抛光砖地面；现浇水磨石地面

C. 水泥砂浆地面；抛光砖地面　　D. 水泥砂浆地面；现浇水磨石地面

5.【单选题】面砖粘贴时，要抹（　　）打底。

A. 15mm 厚 1∶3 水泥砂浆　　B. 10mm 厚 1∶2 水泥砂浆

C. 10mm 厚 1∶3 水泥砂浆　　D. 15mm 厚 1∶2 水泥砂浆

6.【单选题】下列不属于直接顶棚的是（　　）。

A. 直接喷刷涂料顶棚　　B. 直接铺钉饰面板顶棚

C. 直接抹灰顶棚　　D. 吊顶棚

7.【多选题】地面装饰的分类包括（　　）。

A. 水泥砂浆地面　　B. 抹灰地面

C. 陶瓷砖地面　　D. 水磨石地面

E. 塑料地板

8.【多选题】下列不属于墙面装饰的基本要求的是（　　）。

A. 装饰效果好　　B. 适应建筑的使用功能要求

C. 防止墙面裂缝　　D. 经济可靠

E. 防水防潮

9.【多选题】按照施工工艺不同，顶棚装饰可分为（　　）。

A. 抹灰类顶棚　　B. 石膏板顶棚

C. 裱糊类顶棚　　D. 木质板顶棚

E. 贴面类顶棚

【答案】1. √；2. √；3. D；4. D；5. A；6. D；7. ACDE；8. CE；9. ACE

考点 66：民用建筑常用门与窗的构造★●

教材点睛 教材 P183 ～ 191

1. 门在建筑中的作用：正常通行和安全疏散；隔离与围护；装饰建筑空间；间接采光和实现空气对流。

教材点睛 教材 P183 ~ 191（续）

2. 窗在建筑中的作用：采光和日照；通风；围护；装饰建筑空间。

3. 塑钢门窗的基本构造

（1）主要特点：具有良好的热工性能和密闭性能，防火性能好、耐潮湿、耐腐蚀。

（2）基本构造：单层框、双层玻璃。在严寒地区，可采用三层玻璃。

（3）彩色塑钢窗：包括双色共挤彩色塑钢窗、彩色薄膜塑钢窗、喷塑着色彩色塑钢窗三种类型。

（4）铝塑门窗：具有外形美观、气密性好、隔声效果好、节能效果好的特点。

4. 铝合金窗的基本构造

（1）主要特点：自重轻、强度高、外形美观、色彩多样、加工精度高、密封性能好、耐腐蚀、易保养。

（2）常见的开启方式有平开、地弹簧、滑轴平开、上悬式平开、上悬式滑轴平开、推拉等。

5. 门窗与建筑主体的连接构造

（1）塑钢门窗与墙体的连接：固定铁件连接或射钉、塑料及金属膨胀螺钉固定。框料和墙体间缝隙应用泡沫塑料发泡剂嵌缝填实，接缝表面用玻璃胶封闭。

（2）铝合金门窗与墙体的连接：采用预埋铁件、燕尾铁脚、金属膨胀螺栓、射钉等固定方法。收口方式同塑料窗。

（3）木门窗与墙体的连接：木框与墙体接触部位及预埋的木砖均应事先做防腐处理，外门窗还要用毛毡或其他密封材料嵌缝。

6. 门窗口装饰构造：最常用的装饰方法是做包口装饰；包口材料有纯实木、木质装饰面板和金属面板贴面。

巩固练习

1.【判断题】门在建筑中的作用主要是解决建筑内外之间、内部各个空间之间的交通联系。（　　）

2.【判断题】立口具有施工速度快，门窗框与墙体连接紧密、牢固的优点。（　　）

3.【单选题】下列关于门窗的说法中，错误的是（　　）。

A. 门窗是建筑物的主要围护构件之一

B. 门窗都有采光和通风的作用

C. 窗必须有一定的窗洞口面积；门必须有足够的宽度和适宜的数量

D. 我国门窗主要依靠手工制作，没有标准图可供使用

4.【单选题】下列不属于塑料门窗的材料的是（　　）。

A. PVC　　B. 添加剂

C. 橡胶　　D. 氯化聚乙烯

5.【单选题】塞口处理不好容易形成（　　）。

A. 热桥　　B. 裂缝

C. 渗水　　D. 腐蚀

6.【多选题】下列说法中正确的是（　　）。

A. 门在建筑中的作用主要是正常通行和安全疏散，但没有装饰作用

B. 门的最小宽度应能满足两人相对通行

C. 大多数房间门的宽度应为 900～1000mm

D. 当门洞的宽度较大时，可以采用双扇门或多扇门

E. 门洞的高度一般在 1000mm 以上

7.【多选题】下列关于铝合金门窗的基本构造的说法中，正确的是（　　）。

A. 铝合金门的开启方式多采用地弹簧自由门

B. 铝合金门窗玻璃的固定有空心铝压条和专用密封条两种方法

C. 现在大部分铝合金门窗玻璃的固定采用空心铝压条

D. 平开、地弹簧、直流拖动都是铝合金门窗的开启方式

E. 采用专用密封条会直接影响窗的密封性能

8.【多选题】下列说法中正确的是（　　）。

A. 在寒冷地区要用泡沫塑料发泡剂嵌缝填实，并用玻璃胶封闭

B. 框料与砖墙连接时应采用射钉的方法固定窗框

C. 当框与墙体连接采用“立口”时，每间隔 5m 左右在边框外侧安置木砖

D. 当采用“塞口”时，一般是在墙体中预埋木砖

E. 木框与墙体接触部位及预埋的木砖均自然处理

【答案】1. √；2. ×；3. D；4. C；5. B；6. CD；7. AB；8. AD

考点 67：建筑室外装饰构造★

教材点睛　教材 P191 ～ 193

1. 室外装饰的重点部位：墙面、门窗、檐口和勒脚、阳台。

2. 室外装饰主要分为：抹灰类饰面（剁斧石、水刷石、干粘石、假面砖）、涂料类饰面（各类涂料、石漆、油漆）、贴面类饰面（面砖、马赛克、石材）、幕墙饰面（玻璃幕墙、金属幕墙、干挂石材墙面）四类。

3. 室外装饰选材要求：应具有良好的防水或耐水性能；具有可靠的耐候性，能够抵御阳光、高温、低温、风沙等不利因素的侵袭。

4. 外墙面的装饰构造

（1）抹灰及涂料墙面

1）墙面抹灰一般为两遍成活，当对平整度要求较高时，可三遍成活，即底灰层、中灰层、面灰层；抹灰时，应根据建筑立面门窗布设的情况预留分仓缝。

2）当外墙采用外保温复合墙体时，可在保温板外侧粘贴的纤维网上刮腻子，再涂

教材点睛 教材 P191 ～ 193（续）

刷涂料，不必抹灰。

（2）饰面砖墙面

1）主要饰面材料有：饰面砖、马赛克、文化石等。

2）饰面砖墙面构造分为三层，即底层、粘结层和饰面层。

3）粘结材料有：1∶2.5 水泥砂浆，高粘结力的改性砂浆或成品粘结剂。

（3）板材墙面

1）特点：具有观感好、质感好、造型多样等优点。

2）典型的板材墙面有：玻璃幕墙、金属幕墙和石材幕墙。

（4）水刷石墙面：具有天然石材的观感，可采用不同颜色和质地的石子，形成不同的装饰效果。

（5）剁斧石墙面主要有主纹剁斧、花锤剁斧和棱点剁斧三种。

巩固练习

1.【判断题】室外装饰的重点部位有墙面、门窗、檐口和勒脚、阳台。（ ）

2.【判断题】室外饰面砖粘结材料有 1∶2.5 水泥砂浆、高粘结力的改性砂浆或成品粘结剂。（ ）

3.【判断题】当外墙采用外保温复合墙体时，可在保温板外侧粘贴的纤维网上刮腻子，再涂刷涂料，不必抹灰。（ ）

4.【单选题】典型的外墙板材墙面不包括（ ）。

A. 金属幕墙　　B. 玻璃幕墙

C. 饰面砖墙面　　D. 石材幕墙

5.【单选题】下列不属于剁斧石墙面的是（ ）。

A. 主纹剁斧　　B. 花锤剁斧

C. 棱点剁斧　　D. 斜纹剁斧

6.【单选题】最为常见的幕墙为（ ）。

A. 金属板幕墙　　B. 玻璃幕墙

C. 陶瓷板幕墙　　D. 石材幕墙

7.【单选题】不属于室外墙体装饰分类的是（ ）。

A. 涂料类饰面　　B. 幕墙饰面

C. 裱糊类饰面　　D. 抹灰类饰面

8.【多选题】下列关于金属板块墙面的说法中，正确的是（ ）。

A. 金属幕墙是用薄铝板、复合铝板以及不锈钢板作为主材

B. 金属幕墙面板通过金属骨架或连接件与建筑主体结构相连

C. 金属面板只能通过连接件固定在骨架上

D. 金属面板可以把若干块金属面板组合固定在框格上

E. 金属面板一般采用铝合金骨架

9.【多选题】下列不属于室外装饰基本原则的是（　　）。

A. 选择造价低、构造简单、施工方便的装饰材料

B. 与周边环境及原有建筑融合、协调

C. 能够反映建筑的功能、结构和材料特性

D. 合理选材，符合美学原则和构图规律

E. 适用于人的行为、审美规范

【答案】1. √；2. √；3. √；4. C；5. D；6. B；7. C；8. ABDE；9. AE

第二节　建筑结构的基本知识

考点 68：基础●

教材点睛　教材 P193 ～ 197

1. 无筋扩展基础：此类基础为刚性基础，几乎不可能发生挠曲变形。

2. 扩展基础：此类基础为柔性基础，有较好的抗弯能力。适用于“宽基浅埋”或有地下水的情况。

3. 桩基础：有较高的承载力和稳定性，良好的抗震性能，是减少建筑物沉降与不均匀沉降的良好措施。

（1）桩的分类

分类方式	分类名称
按形成方式分类	预制桩、灌注桩
按桩身材料分类	混凝土桩、钢桩和组合桩
按桩的使用功能分类	竖向抗压桩、水平受荷桩、竖向抗拔桩、复合受荷桩
按桩的承载性状分类	摩擦型桩、端承型桩
按成桩方法分类	挤土桩、部分挤土桩、非挤土桩
按承台底面的相对位置分类	高承台桩基、低承台桩基
按桩径的大小分类	小直径桩（$\phi \leqslant 250$mm）、中等直径桩（$\phi 250 \sim \phi 800$mm）、大直径桩（$\phi \geqslant 800$mm）

（2）桩基的构造规定

1）摩擦型桩的中心距不宜小于桩身直径的 3 倍；扩底灌注桩的中心距不小于扩底直径的 1.5 倍，当扩底直径大于 2 m时，桩端净距不小于 1 m；挤土桩桩距应考虑施工工艺的影响。

2）扩底灌注桩的扩底直径不宜大于桩身直径的 3 倍。

教材点睛 教材P193～197（续）

3）预制桩的混凝土强度等级不小于C30；灌注桩不小于C20；预应力桩不小于C40。

4）打入式预制桩的最小配筋率不小于0.8%；静压预制桩的最小配筋率不小于0.6%；灌注桩的最小配筋率不小于0.2%～0.65%（小直径取大值）。

5）桩顶嵌入承台内的长度不小于50mm，主筋伸入承台内的锚固长度不小于Ⅰ级钢筋直径的30倍和Ⅱ级、Ⅲ级钢筋直径的35倍。

（3）承台形式常见的有柱下独立桩基承台、箱形承台、筏形承台、柱下梁式承台和墙下条形承台等。承台混凝土强度等级不小于C20。

4. 承台之间的连接：单桩承台宜在两个相互垂直的方向上设置连系梁；两桩承台宜在其短向设置连系梁；有抗震要求的柱下独立承台宜在两个主轴方向设置连系梁。连系梁顶面宜与承台位于同一标高。

巩固练习

1.【判断题】无筋扩展基础都是脆性材料，有较好的抗压、抗拉、抗剪性能。（ ）

2.【判断题】承台要有足够的强度和刚度。（ ）

3.【单选题】刚性基础基本上不可能发生（ ）。

A. 挠曲变形　　B. 弯曲变形

C. 剪切变形　　D. 轴向拉压变形

4.【单选题】无筋扩展基础的外伸宽度与基础高度的比值小于规范规定的台阶宽高比的允许值，此类基础几乎不可能发生挠曲变形，所以常称为（ ）基础。

A. 柔性　　B. 刚性

C. 抗弯　　D. 抗剪

5.【单选题】扩展基础特别适用于（ ）的情况。

A. 砂卵石　　B. 流沙

C. 有地下水　　D. 盐渍土

6.【单选题】桩基础按使用功能分类不包括（ ）。

A. 端承桩　　B. 竖向抗拔桩

C. 水平受荷桩　　D. 竖向抗压桩

7.【单选题】桩基础板式承台的构造要求错误的是（ ）。

A. 按双向通长配筋　　B. 混凝土强度不低于C40

C. 承台厚度不小于300mm　　D. 承台宽度不小于500mm

8.【多选题】下列关于扩展基础的说法中，正确的是（ ）。

A. 锥形基础边缘高度不宜小于200mm

B. 阶梯形基础的每阶高度宜为200～500mm

C. 垫层的厚度不宜小于 90mm

D. 扩展基础底板受力钢筋的最小直径不宜小于 10mm

E. 扩展基础底板受力钢筋的间距宜为 100～200mm

9.【多选题】按桩的使用功能分类，桩可分为（　　）。

A. 高承台桩基　　B. 竖向抗压桩

C. 水平受荷桩　　D. 竖向抗拔桩

E. 复合受荷桩

【答案】1. ×；2. √；3. A；4. B；5. C；6. A；7. B；8. ADE；9. BCDE

考点 69：混凝土结构的构件的受力★●

教材点睛　教材 P197 ～ 209

1. 混凝土结构的分类：有素混凝土、钢骨混凝土、钢筋混凝土、钢管混凝土、预应力混凝土等结构。

2. 钢筋混凝土结构

（1）特点：优点是可以就地取材，合理用材、经济性好，耐久性和耐火性好，维护费用低，可模性好，整体性好，通过合适的配筋，可获得较好的延性；缺点是自重大、抗裂性差，不适用于大跨、高层结构。

（2）配筋的作用：混凝土和钢材结合在一起，可以取长补短，充分利用材料的性能。

（3）钢筋与混凝土共同工作的条件：良好的粘结力、相近的膨胀系数、混凝土的碱性环境。

3. 构件的基本受力形式：分为受弯、受扭以及纵向受力构件三种。

（1）钢筋混凝土受弯构件（梁、板）

1）构件承载力为剪力和弯矩；在梁的计算简图中，梁上荷载简化为轴线上的集中荷载或分布荷载，支座约束简化为可动铰支座、固定铰支座或固定端支座。

2）钢筋混凝土受弯构件构造要求：满足承载力、刚度和裂缝控制要求，同时还应利于模板定型化；梁截面形式有矩形、T 形、倒 T 形、L 形、工字形、十字形、花篮形等。板按截面形式有矩形板、空心板、槽形板等。

3）钢筋混凝土梁、板的配筋：① 梁包括纵向受力及构造钢筋、弯起钢筋、箍筋、架立钢筋、拉筋等。② 板包括纵向受力钢筋、分布钢筋等。

（2）钢筋混凝土纵向受力构件（柱）

1）构件受力为轴心或偏心压力；截面形式有正方形、矩形、圆形及多边形。

2）构造要求：① 材料：混凝土宜采用 C20 以上强度等级；钢筋宜用 HRB400 级或 RRB400 级。② 配筋构造：受力钢筋接头宜设置在受力较小处；相邻纵向受力钢筋接头位置宜相互错开；变截面时，可在梁高范围内将下柱的纵筋弯折伸入上层柱纵筋搭接。③ 箍筋可采用螺旋筋或焊接环筋。

教材点睛 教材 P197～209（续）

（3）钢筋混凝土受扭构件（悬挑构件）

1）受扭构件的内力：力偶（集中外力偶、均布外力偶）

2）钢筋混凝土受扭构件的构造要求：① 纵向受扭钢筋沿截面周边均匀对称布置，间距不大于 200mm；支座内的锚固长度按受拉钢筋考虑。② 箍筋做成封闭式，末端做成 135° 弯钩，弯钩端平直长度≥ 10d。

巩固练习

1.【判断题】雨篷板是受弯构件。（　　）

2.【判断题】梁、板的截面尺寸应利于模板定型化。（　　）

3.【判断题】集中外力偶弯曲平面与杆件轴线垂直。（　　）

4.【单选题】在混凝土中配置钢筋，主要是由两者的（　　）决定的。

A. 力学性能和环保性　　B. 力学性能和经济性

C. 材料性能和经济性　　D. 材料性能和环保性

5.【单选题】下列用轴心受压构件截面法求轴力的步骤为（　　）。

A. 列平衡方程→取脱离体→画轴力图

B. 取脱离体→画轴力图→列平衡方程

C. 取脱离体→列平衡方程→画轴力图

D. 画轴力图→列平衡方程→取脱离体

6.【单选题】由于箍筋在截面四周受拉，所以应做成（　　）。

A. 封闭式　　B. 敞开式

C. 折角式　　D. 开口式

7.【多选题】下列用截面法计算指定截面剪力和弯矩的步骤不正确的是（　　）。

A. 计算支反力→截取研究对象→画受力图→建立平衡方程→求解内力

B. 建立平衡方程→计算支反力→截取研究对象→画受力图→求解内力

C. 截取研究对象→计算支反力→画受力图→建立平衡方程→求解内力

D. 计算支反力→建立平衡方程→截取研究对象→画受力图→求解内力

E. 计算支反力→截取研究对象→建立平衡方程→画受力图→求解内力

8.【多选题】设置弯起筋的目的，以下说法正确的是（　　）。

A. 满足斜截面抗剪要求

B. 满足斜截面抗弯要求

C. 充当支座负纵筋，承担支座负弯矩

D. 为了节约钢筋，充分利用跨中纵筋

E. 充当支座负纵筋，承担支座正弯矩

9.【多选题】下列说法中正确的是（　　）。

A. 圆形水池是轴心受拉构件

B. 偏心受拉构件和偏心受压构件变形的特点相同

C. 排架柱是轴心受压构件

D. 框架柱是偏心受拉构件

E. 偏心受拉构件和偏心受压构件都会发生弯曲变形

【答案】1. √；2. √；3. √；4. B；5. C；6. A；7. BCDE；8. ACD；9. ADE

考点 70：现浇混凝土结构楼盖★●

教材点睛 教材 P209 ～ 213

1. 现浇楼盖分类：① 按楼板受力和支承条件的不同，分为肋形楼盖、无梁楼盖和井字形梁楼盖；② 根据板的长短边之间的比例关系，分为单向板和双向板两种。

2. 单向板肋形楼盖

（1）单向板肋形楼盖的组成及布置形式

1）肋形楼盖由板、次梁、主梁（有时没有主梁）组成。

2）肋形楼盖荷载传递的途径：板→次梁→主梁→柱或墙→基础→地基。

（2）单向板肋形楼盖的构造要求

1）板厚：从经济角度考虑，应使板厚尽可能接近构造要求的最小板厚，同时为了使板具有一定的刚度，要求连续板的板厚满足表 7-2 的要求。【P211】

2）板的配筋方式：连续板中受力钢筋的弯起点和截断点一般应按弯矩包络图及抵抗弯矩图确定。

3）构造钢筋的构造要求分成四种情况：

① 嵌固于墙内板的板面附加钢筋：为避免沿墙边产生板面裂缝，应在支承周边配置上部构造钢筋。

② 嵌固在砌体墙内的板：应符合图 7-89 的要求。【P212】

③ 楼板孔洞边配筋要求：当孔洞直径≤ 300mm，不断筋，直接掰弯即可；

当 300mm ＜孔洞直径≤ 1000mm，断筋，并在洞口周边增设构造钢筋；当孔洞直径＞ 1000mm，断筋，并在洞口周边增设构造梁。

④ 主梁的构造要求：主梁的一般构造要求与次梁相同，但应通过在弯矩包络图上画抵抗弯矩图来确定，主梁伸入墙内的长度不小于 370mm，并设置附加箍筋。

（3）无梁楼盖的特点与适用条件

1）当柱网尺寸较小而且接近方形时，可不设梁而将整个楼板直接与柱整体浇筑或焊接形成无梁楼盖。此时，荷载将由板直接传至柱或墙。

2）无梁楼盖的特点是房间净空高，通风采光条件好，支模简单，但用钢量较大。

（4）井式楼盖的特点与适用条件

1）当房间平面形状接近正方形或柱网两个方向的尺寸接近相等时，由于建筑美观的要求，常将两个方向的梁做成不分主次的等高梁，相互交叉，形成井式楼盖。

2）楼盖可少设或取消内柱，能跨越较大的空间，但用钢量和造价较高。

巩固练习

1.【判断题】按楼板受力和支承条件的不同，现浇楼盖分为单向板和双向板。（　　）

2.【判断题】肋形楼盖荷载传递的途径都是：板→次梁→主梁→柱或墙→基础→地基。（　　）

3.【单选题】下列不属于现浇混凝土楼盖缺点的是（　　）。

A. 养护时间长　　B. 结构布置多样

C. 施工速度慢　　D. 施工受季节影响大

4.【单选题】当板的长边尺寸与短边尺寸之比（　　）时，荷载基本沿长边方向传递，称为单向板。

A. ＞3　　B. ＞1

C. ＞2　　D. ＞4

5.【单选题】肋形楼盖组成不包括（　　）。

A. 次梁　　B. 板

C. 主梁　　D. 钢梁

6.【单选题】单向板肋形楼盖为避免支座处钢筋间距紊乱，通常跨中和支座的钢筋采用（　　）。

A. 相同间距或成倍间距　　B. 1/2 间距

C. 1/3 间距　　D. 1/4 间距

7.【单选题】无梁楼盖的特点不包括（　　）。

A. 通风采光条件好　　B. 房间净空高

C. 用钢量较少　　D. 支模简单

8.【单选题】井式楼盖不适用于（　　）。

A. 餐厅　　B. 房间平面形状接近正方形

C. 公共建筑的门厅　　D. 厂房

9.【多选题】下列属于构造钢筋的构造要求的是（　　）。

A. 为避免墙边产生裂缝，应在支承周边配置上部构造钢筋

B. 嵌固于墙内板的板面附加钢筋直径大于等于 10mm

C. 沿板的受力方向配置的上部构造钢筋，可根据经验适当减少

D. 嵌固于墙内板的板面附加钢筋间距大于等于 200mm

E. 沿非受力方向配置的上部构造钢筋，可根据经验适当减少

【答案】1. ×；2. √；3. B；4. C；5. D；6. A；7. C；8. D；9. AE

考点 71：常见的钢结构●

教材点睛　教材 P213 ～ 223

1. 钢结构的特点：具有强度高，结构自重轻；塑性、韧性好；材质均匀；工业化

教材点睛 教材 P213～223（续）

程度高；可焊性好；耐腐蚀性差；耐火性差；钢结构在低温和其他条件下，可能发生脆性断裂等特点。

2. 钢结构适用范围：主要应用于大跨度结构、重型厂房结构、受动力荷载作用的厂房结构、多层、高层和超高层建筑、高耸结构、板壳结构和可拆卸结构。

3. 建筑行业常见的钢材型号：有 Q235、Q345、和 Q390。

4. 构件的连接

（1）钢结构的连接方式有：焊接连接、铆钉连接、螺栓连接三种。三种连接方式的特点见表 7-3。【P214】

（2）焊接连接。

1）常见的缺陷形式主要有：裂纹、焊瘤、烧穿、弧坑、气孔、夹渣、咬边、未融合、未焊透等。

2）焊缝质量检验：焊缝质量检验方法主要有：外观检查、超声波探伤检验、X射线检验等。

3）焊缝的质量等级：焊缝质量分三级。一级焊缝需经外观检查、超声波探伤、X射线检验都合格；二级焊缝需外观检查、超声波探伤合格；三级焊缝需外观检查合格。

（3）螺栓连接。

1）螺栓在构件上排列应简单、统一、整齐而紧凑，分为并列和错列两种形式。

2）螺栓连接的施工要求：

① 受力要求：在受力方向螺栓的端距过小，钢材有剪断或撕裂的可能；各排螺栓距和线距太小，构件有沿折线或直线破坏的可能；受压构件当沿作用方向螺栓距过大时，被连板间易发生鼓曲和张口现象。

② 构造要求：螺栓的中距及边距不宜过大，否则钢板间不能紧密贴合，潮气侵入缝隙使钢材锈蚀。

③ 施工要求：要保证一定的空间，便于转动螺栓扳手拧紧螺母。

（4）铆钉连接。

5. 构件的受力

（1）钢结构构件：主要包括钢柱和钢梁。

（2）钢柱的受力形式：主要有轴向拉伸或压缩和偏心拉压。

（3）钢梁的受力形式：主要有拉弯和压弯组合受力。

巩固练习

1.【判断题】螺栓在构件上排列应简单、统一、整齐而紧凑。（　　）

2.【判断题】钢结构是通过焊接、铆接、螺栓连接等方式而组成的结构。（　　）

3.【单选题】钢结构焊接连接的缺点不包括（　　）。

A. 焊接残余应力大且不易控制　　B. 焊接程序严格，质量检验工作量大

C. 焊接变形大，对材质要求高　　　　D. 摩擦面处理复杂

4.【单选题】按照角焊缝受力与焊缝方向，钢结构焊缝的分类不包括（　　）。

A. 端缝　　　　B. 侧缝

C. 角焊缝　　　　D. 斜缝

5.【单选题】钢结构三级焊缝需（　　）合格。

A. 超声波探伤　　　　B. 外观检查

C. 电火花检验　　　　D. X 射线检验

6.【单选题】以钢板、型钢、薄壁型钢制成的构件是（　　）。

A. 排架结构　　　　B. 钢结构

C. 楼盖　　　　D. 配筋

7.【多选题】钢结构主要应用于（　　）。

A. 重型厂房结构　　　　B. 可拆卸结构

C. 低层建筑　　　　D. 板壳结构

E. 普通厂房结构

8.【多选题】下列属于螺栓的受力要求的是（　　）。

A. 在受力方向螺栓的端距过小时，钢材有剪断或撕裂的可能

B. 在受力方向螺栓的端距过大时，钢材有剪断或撕裂的可能

C. 各排螺栓距和线距太小时，构件有沿折线或直线破坏的可能

D. 各排螺栓距和线距太大时，构件有沿折线或直线破坏的可能

E. 对受压构件，当沿作用线方向螺栓间距过大时，被连板间易发生鼓曲和张口现象

【答案】1. √；2. √；3. D；4. C；5. C；6. B；7. ABD；8. ACE

考点 72：砌体结构知识★

教材点睛　教材 P223 ～ 227

1. 砌体结构的材料及强度等级

（1）砖的分类：烧结普通砖，强度等级分为 MU30、MU25、MU20、MU15、MU10 五级；非烧结硅酸盐砖，常用的有蒸压灰砂砖（灰砂砖，强度等级分为 MU25、MU20、MU15、MU10 四级）、蒸压粉煤灰砖（强度等级分为 MU20、MU15、MU10、MU7.5 四级）、炉渣砖、矿渣砖等；烧结多孔砖，主要用于承重部位，强度等级分为 MU30、MU25、MU20、MU15、MU10 五级。

（2）砌块分类：分为小型、中型和大型三类；主要品种有小型混凝土空心砌块、加气混凝土砌块、水泥炉渣空心砌块、粉煤灰硅酸盐砌块等；强度等级分为 M20、M15、M10、M7.5 和 M5 五级。

（3）石材分类：分为料石和毛石两种；常用于建筑物基础、挡土墙等；强度等级共分为 MU100、MU80、MU60、MU50、MU40、MU30 和 MU20 七级。

（4）常用砂浆有水泥砂浆、水泥混合砂浆、非水泥砂浆、混凝土砌块砌筑砂浆等。

教材点睛 教材 P223 ～ 227（续）

2. 影响砌体结构构件承载力的因素

它包括砌体的抗压强度、偏心距的影响（$e = M/N$）、高厚比 β 对承载力的影响、砂浆强度等级影响。

3. 砌体结构的基本构造措施

（1）无筋砌体的基本构造措施：伸缩缝、沉降缝和圈梁。

（2）配筋砌体构造

1）网状配筋砌体构造要求：体积配筋率不大于 1%，不小于 0.1%；钢筋网的间距不大于 5 皮砖，且不大于 400mm；钢筋直径为 3～4mm（连弯网式钢筋的直径不大于 8mm）；网内钢筋间距不大于 120mm，且不小于 30mm；钢筋间距过小，灰缝中的砂浆难以密实均匀；砂浆强度等级不小于 M7.5，灰缝厚度应保证钢筋上下各有 2mm 砂浆层。

2）组合砌体构造：面层水泥砂浆强度等级不小于 M10，厚度为 30～45mm，竖向钢筋采用 HPB235 级钢筋，受压钢筋一侧配筋率不小于 0.1%；面层混凝土强度等级采用 C20，面层厚度大于 45mm，受压钢筋一侧的配筋率不小于 0.2%，竖向钢筋采用 HPB300、HRB335 级钢筋；砌筑砂浆强度等级不小于 M7.5，竖向钢筋直径不小于 8mm，净间距不小于 30mm，受拉钢筋配筋率不小于 0.1%；箍筋直径≥ 0.2 倍受压钢筋的直径且不小于 4mm，不大于 6mm，箍筋的间距不大于 500mm 及 $20d$ 且不小于 120mm；当组合砌体一侧受力钢筋多于 4 根时，应设置附加箍筋和拉结筋；截面长短边相差较大的构件（如墙体等），应采用穿通构件或墙体的拉结筋作为箍筋，设置水平分布钢筋，形成封闭的箍筋体系。水平分布钢筋的竖向间距及拉结筋的水平间距均不大于 500mm。

巩固练习

1.【判断题】砌体结构的构造是确保房屋结构整体性和结构安全的可靠措施。（　　）

2.【判断题】我国目前砌体所用的块材主要有砖、砌块和石材。（　　）

3.【单选题】墙体的构造措施不包括（　　）。

A. 沉降缝　　B. 防震缝

C. 圈梁　　D. 伸缩缝

4.【单选题】无筋砌体圈梁的做法错误的是（　　）。

A. 纵向钢筋不应少于 $4\phi 10$　　B. 绑扎接头的搭接长度按受拉钢筋考虑

C. 纵横墙交接处的圈梁应断开　　D. 箍筋间距不应大于 300mm

5.【单选题】当其他条件相同时，随着偏心距的增大，并且受压区（　　），甚至出现（　　）。

A. 越来越小，受拉区　　B. 越来越小，受压区

C. 越来越大，受拉区　　D. 越来越大，受压区

6.【单选题】钢筋网间距不应大于5皮砖，且不应大于（　　）mm。

A. 100　　B. 200

C. 300　　D. 400

7.【多选题】砂浆按照材料成分不同分为（　　）。

A. 水泥砂浆　　B. 水泥混合砂浆

C. 防冻水泥砂浆　　D. 非水泥砂浆

E. 混凝土砌块砌筑砂浆

8.【多选题】影响砌体抗压承载力的因素有（　　）。

A. 砌体抗压强度　　B. 砌体环境

C. 偏心距　　D. 高厚比

E. 砂浆强度等级

【答案】1. √；2. √；3. B；4. C；5. A；6. D；7. ABDE；8. ACDE

考点73：建筑抗震的基本知识★●

教材点睛　教材P227～231

1. 地震的相关概念

（1）地震波按其在地壳传播的位置不同，分为体波和面波。

（2）震级：用符号M表示。$M<2$，称为微震；$M=2\sim4$，称为有感地震；$M>5$，统称为破坏性地震；$M>7$，称为强烈地震或大地震；$M>8$，称为特大地震。

（3）地震的震级与地震烈度是两个不同的概念，对于一次地震，只能有一个震级，而有多个烈度。一般来说离震中越远的地震烈度越小，震中区的地震烈度最大。

2. 建筑物的震害及分析

（1）地表的破坏现象：地裂缝；喷砂冒水；地面下沉；滑坡、塌方。

（2）建筑物破坏类型：结构丧失整体性；承重结构承载力不足而引起的破坏；地基失效；次生灾害。

3. 抗震设计的一般规定

（1）建筑抗震设防分类，见表7-11。【P228～229】

（2）抗震设防目标："小震不坏，中震可修，大震不倒"。

（3）抗震设计的基本要求。

1）抗震概念设计的重要性：由于地震是随机的，具有不确定性和复杂性，单靠"数值设计"很难有效地控制结构的抗震性能。结构的抗震性能取决于良好的"概念设计"。

2）抗震设计的基本要求。

① 选择建筑场地时，应选择有利地段、避开不利地段、不应在危险地段建造甲、乙、丙类建筑。

② 选择对抗震有利的建筑平面和立面。

③ 选择技术上、经济上合理的抗震结构体系。

巩固练习

1.【判断题】抗震设防目标的“三个水准”是“小震不坏，中震可修，大震不倒”。（　　）

2.【判断题】对于一次地震，只能有一个震级，可有多个烈度。（　　）

3.【判断题】从抗震防灾的角度，根据建筑物使用功能的重要性，将建筑物分为甲、乙、丙三类。（　　）

4.【单选题】建筑物抗震设计不包括（　　）。

A. 抗震措施　　B. 抗震承载力计算

C. 材料选择　　D. 地震作用

5.【单选题】重大建筑工程和地震时可能发生严重次生灾害的建筑，抗震设防分类为（　　）。

A. 丁类　　B. 丙类

C. 乙类　　D. 甲类

6.【单选题】抗震设防烈度为（　　）度时，除规范有具体规定外，对乙、丙、丁类建筑可不作地震作用计算。

A. 5　　B. 6

C. 7　　D. 8

7.【单选题】《建筑抗震设计规范》GB 50011—2010（2016 年版）采用（　　）设计来实现“小震不坏，中震可修，大震不倒”的抗震设防目标。

A. 三阶段　　B. 两阶段

C. 四阶段　　D. 保守

8.【单选题】下列关于建筑平面和立面抗震设计的做法中，错误的是（　　）。

A. 抗侧力结构平面布置均匀、对称

B. 符合抗震概念设计的要求

C. 体型复杂可的在适当部位设置伸缩缝

D. 不采用严重不规则的设计方案

9.【多选题】建筑物破坏的类型包括（　　）。

A. 次生灾害　　B. 结构丧失整体性

C. 承重结构承载力不足而引起的破坏　　D. 地基失效

E. 地面下沉

【答案】1. √；2. √；3. ×；4. C；5. D；6. B；7. B；8. C；9. ABCD

第八章　施 工 测 量

第一节　测量的基本工作

考点 74：常用测量仪器的使用★●

教材点睛　教材 P232 ~ 237

1. 水准仪的使用

（1）水准仪用途及类型：用于高程测量，分为水准气泡式和自动安平式。

（2）水准仪使用步骤：仪器的安置→粗略整平→瞄准目标→精平→读数。

2. 经纬仪的使用

（1）经纬仪的用途：用于测量水平角和竖直角。

（2）经纬仪使用步骤：安置仪器→照准目标→读数。

3. 全站仪的使用

（1）全站仪的用途：多功能测量仪器，能够完成测角、测距、测高差、测定坐标及放样等操作。

（2）全站仪常用类型：苏州一光 OTS 系列、中国南方 NTS 系列等。

（3）基本操作步骤：测前的准备工作→安置仪器→开机→角度测量→距离测量→放样。

4. 测距仪的使用：测距仪体积小、携带方便；可以完成距离、面积、体积等测量工作。

5. 激光铅垂仪的使用

（1）激光铅垂仪的用途：主要用来测量相对铅垂线的水平偏差、铅垂线的点位传递等。

（2）适用范围：高层建筑施工、变形观测等。

（3）激光铅垂仪垂准测量步骤：打开激光开关及下对点开关→对中、整平→瞄准目标→激光垂准测量。

6. 三维激光扫描系统：利用三维激光扫描仪对建（构）筑物扫描测量，形成建（构）筑物空间三维点云模型，通过对点云模型应用得出实际尺寸数据。

7. 无人机测量技术：可快速建立三维模型，同时生成三维坐标等高线，适用于设计、施工及运营过程中建立实景三维模型及 DOM、DTM、DEM、DSM 模型。

8. 测量机器人：采用先进的 AI 测量算法处理技术，通过模拟人工测量规则，使用虚拟靠尺、角尺完成实测实量工艺，适用于建筑施工全周期的质量检测。

巩固练习

1.【判断题】水准仪粗略整平的目的是使圆气泡居中。（　　）

2.【判断题】自动安平水准仪需要使水准仪达到精平状态。（　　）

3.【判断题】经纬仪的安置中，垂球对中的精度高，目前主要采用垂球对中。

（　　）

4.【判断题】全站仪只能够测角、测距和测高差。（　　）

5.【判断题】测距仪可以完成测角、测距和测高差等测量工作。（　　）

6.【单选题】以下水准仪中（　　）的精度最高。

A. DS10　　B. DS3

C. DS05　　D. DS1

7.【单选题】在调节水准仪粗平时，要求气泡移动的方向与左手大拇指转动脚螺旋的方向（　　）。

A. 相反　　B. 相同

C. 不能确定　　D. 无关

8.【单选题】水准仪的粗略整平是通过调节（　　）来实现的。

A. 微倾螺旋　　B. 脚螺旋

C. 对光螺旋　　D. 测微轮

9.【单选题】一测站水准测量基本操作中的读数之前的操作是（　　）。

A. 必须做好安置仪器，粗略整平，瞄准标尺的工作

B. 必须做好安置仪器，瞄准标尺，精确整平的工作

C. 必须做好精确整平的工作

D. 必须做好粗略整平的工作

10.【单选题】水准仪与经纬仪应用脚螺旋的不同是（　　）。

A. 经纬仪脚螺旋应用于对中、精确整平，水准仪脚螺旋应用于粗略整平

B. 经纬仪脚螺旋应用于粗略整平、精确整平，水准仪脚螺旋应用于粗略整平

C. 经纬仪脚螺旋应用于对中、精确整平，水准仪脚螺旋应用于精确整平

D. 经纬仪脚螺旋应用于粗略整平、粗略整平，水准仪脚螺旋应用于精确整平

11.【单选题】经纬仪的粗略整平是通过调节（　　）来实现的。

A. 微倾螺旋　　B. 三脚架腿

C. 对光螺旋　　D. 测微轮

12.【多选题】水准仪使用步骤包括（　　）。

A. 仪器的安置　　B. 对中

C. 粗略整平　　D. 瞄准目标

E. 精平

13.【多选题】经纬仪对中的基本方法有（　　）。

A. 光学对点器对中　　B. 垂球对中

C. 目估对中　　D. 物镜对中

E. 目镜对中

14.【多选题】经纬仪的使用步骤包括（　　）。

A. 仪器的安置　　B. 对中

C. 粗略整平　　D. 照准目标

E. 读数

15.【多选题】全站仪除能自动测距、测角外，还能快速完成的工作包括（　　）。

A. 计算平距、高差　　B. 计算二维坐标

C. 按垂直角和距离进行放样测量　　D. 按坐标进行放样

E. 将任一方向的水平角置为 0° 00′ 00″

16.【多选题】测距仪可以完成（　　）等测量工作。

A. 距离　　B. 面积

C. 高度　　D. 角度

E. 体积

【答案】1. √；2. √；3. ×；4. ×；5. ×；6. C；7. B；8. B；9. C；10. A；11. B；12. ACDE；13. AB；14. ADE；15. ADE；16. ABE

第二节　施工控制测量的知识

考点 75：施工控制测量●

教材点睛　教材 P237 ～ 238

1. 建筑物的定位与放线

（1）建筑物定位的作用：根据设计图纸的规定，将建筑物的外轮廓墙的各轴线交点即角点测设到地面上，作为基础放线和细部放线的依据。

（2）建筑物定位方法：根据控制点定位、根据建筑基线或建筑方格网定位、根据与原有建（构）筑物或道路的关系定位。

（3）建筑物的放线：根据已定位的外墙轴线交点桩，详细测设其各轴线交点的位置，并引测至适宜位置做好标记。

2. 施工测量

当每层结构墙体施工到一定高度后，用水准仪测设出本层墙面上的＋0.50m 水平标高线（50 线），作为室内施工及地面、顶棚、墙面装修的标高控制依据。

第三节　建筑变形观测的知识

考点 76：建筑变形观测知识●

教材点睛　教材 P238 ～ 240

1. 建筑变形观测的概念

利用观测设备对建筑物在荷载和各种影响因素作用下产生的结构位置和总体形状的变化所进行的长期测量工作。

2. 变形观测的方法和要求

（1）沉降观测

1）基准点的设置要求：数目不应少于 3 个，基准点之间应形成闭合环。

2）监测点布设位置：应能全面反映建筑及地基变形特征，并顾及地质情况及建筑结构特点布设。

3）观测周期与时间：根据工程性质、施工进度、地基地质情况及基础荷载的变化情况确定。

4）观测方法：根据精度要求，有一、二、三等水准测量，三角高程测量等方法，常用水准测量方法。

5）沉降观测的有关资料：监督点布置图；观测成果表；时间—荷载—沉降量曲线；等沉降曲线。

（2）倾斜观测包括两个内容：建筑物倾斜观测、建筑物的基础倾斜观测。

（3）裂缝观测方法：分为石膏板标志法和白钢板标志法。

（4）水平位移观测主要方法：角度前方交会法和基准线法。

巩固练习

1.【判断题】用钢尺丈量出激光垂直面与轴线之间的距离，以此距离即可以控制本楼层的施工。（　）

2.【判断题】白钢板标志法观测裂缝，用两块同样大小的钢板固定在裂缝两侧。（　）

3.【判断题】角度前方交会法是利用两点之间的坐标差值，计算该点的水平位移量。（　）

4.【单选题】每层墙体砌筑到一定高度后，常在各层墙面上测设出（　）m 的水平标高线，作为室内施工及装修的标高依据。

A. ＋ 0.00　　B. ＋ 0.50

C. ＋ 0.80　　D. ＋ 1.50

5.【单选题】基准点的数目不得少于（　）个点。

A. 1　　B. 2

C. 3　　D. 4

6.【单选题】石膏板标志法观测裂缝，用（　　）的石膏板，固定在裂缝两侧。

A. 厚 40mm，宽 20～50mm　　B. 厚 30mm，宽 30～60mm

C. 厚 20mm，宽 40～70mm　　D. 厚 10mm，宽 50～80mm

7.【多选题】沉降观测时，沉降观测点的点位宜选设在（　　）。

A. 每隔 2～3 根柱基上　　B. 高低层建筑物纵横墙交接处的两侧

C. 建筑物的四角　　D. 大转角处

E. 建筑物沿外墙每 2～5m 处

8.【多选题】观测周期和观测时间应根据（　　）的变化情况而定。

A. 工程的性质　　B. 施工进度

C. 地基基础　　D. 基础荷载

E. 地基变形特征

9.【多选题】水平位移观测的方法包括（　　）。

A. 角度前方交会法　　B. 石膏板标志法

C. 白钢板标志法　　D. 基准线法

E. 水准测量法

【答案】1. √；2. ×；3. √；4. B；5. C；6. D；7. ABCD；8. ABCD；9. AD

第九章　抽样统计分析的知识

考点 77：基本概念和抽样的方法

教材点睛 教材 P241

1. 数理统计的基本概念

（1）总体：总体是工作对象的全体，通常记作 X。个体是构成总体的基本元素，通常记作 N。

（2）样本：从总体中随机抽取出来的个体。

（3）统计量：根据具体的统计要求，结合对总体的统计期望进行的推断。

2. 抽样的方法

在产品的生产过程中或一批产品中随机地抽取样本，对抽取的样本进行检测和评价，从中获取样本的质量数据信息。以获取的信息为依据，通过统计的手段对总体的质量情况作出分析和判断。

考点 78：施工质量数据抽样和统计分析方法

教材点睛 教材 P242 ～ 253

1. 质量数据的收集方法：主要有全数检验和随机抽样检验两种方式。其中随机抽样的方法又分为完全随机抽样、等距抽样、分层抽样、整群抽样、多阶段抽样等多种方式。

2. 质量数据统计分析的基本方法：调查表法，分层法，排列图法，因果分析图，相关图，直方图法，管理图法等。

（1）排列图法（主次因素分析图法）：将影响因素分为三类，A 类因素对应于频率 0～80%，是影响产品质量的主要因素；B 类因素对应于频率 80%～90%，为次要因素；与频率 90%～100% 相对应的为 C 类因素，属于一般影响因素。

（2）运用因果分析图（特性要因图、鱼刺图、树枝图）可以帮助我们制定对策，解决工程质量上存在的问题，从而达到控制质量的目的。

（3）利用直方图（质量分布图、矩形图、频数分布直方图）可以制定质量标准，确定公差范围；掌握质量分布规律，判定质量是否符合标准的要求。但其缺点是不能反映动态变化，而且要求收集的数据较多，否则难以体现其规律。

（4）管理图（控制图）反映生产过程中各个阶段质量波动状态的图形。质量控制的目标就是要查找异常波动的因素，并加以排除，使质量只受正常波动因素的影响，符合正态分布的规律。

巩固练习

1.【判断题】总体是工作对象的全体，是物的集合，通常可以记作 N。（　　）

2.【判断题】抽样的方法是以获取的信息为依据。（　　）

3.【判断题】质量数据收集方法，在工程上经常采用全数检验的方法。（　　）

4.【判断题】可以适应产品生产过程中及破坏性检测要求的检测方法是随机抽样检测。（　　）

5.【判断题】利用直方图可以确定公差范围，还可以反映动态变化。（　　）

6.【单选题】对待不同的检测对象，应当采集具有（　　）的质量数据。

A. 普遍性　　B. 控制意义

C. 特殊性　　D. 研究意义

7.【单选题】抽样的方法通常是利用数理统计的（　　）随机抽取样本。

A. 总体数量　　B. 样本数量

C. 基本原理　　D. 统计量

8.【单选题】全数检验最大的优势是质量数据（　　），可以获取可靠的评价结论。

A. 全面、丰富　　B. 完善、具体

C. 深度、广博　　D. 浅显、易懂

9.【单选题】在简单随机抽样中，某一个个体被抽到的可能性（　　）。

A. 与第几次抽样有关，第一次抽到的可能性最大

B. 与第几次抽样有关，第一次抽到的可能性最小

C. 与第几次抽样无关，每一次抽到的可能性相等

D. 与第几次抽样无关，与样本容量无关

10.【单选题】当工序进行处于稳定状态时，数据直方图会呈现（　　）。

A. 正常型　　B. 孤岛型

C. 双峰型　　D. 偏向性

11.【单选题】当数据不真实，被人为地剔除，数据直方图会呈现（　　）。

A. 正常型　　B. 陡壁型

C. 双峰型　　D. 偏向性

12.【多选题】下列关于统计量的说法，正确的是（　　）。

A. 统计量都是样本函数

B. 统计量是结合总体期望进行的推断

C. 统计量需要研究一些常用的随机变量

D. 统计量是根据具体要求的推断

E. 统计量的概率密度解析比较容易

13.【多选题】全数检验的适用条件为（　　）。

A. 总体的数量较少　　B. 检测项目比较重要

C. 检测方法会对产品产生破坏　　D. 检测方法不会对产品产生破坏

E. 检测用时较长

14.【多选题】随机抽样的方法主要有（　　）。

A. 完全随机抽样　　　　B. 等距抽样
C. 分层抽样　　　　D. 整群抽样
E. 多阶段抽样

15.【多选题】下列方法中不是质量数据统计分析的基本方法的是（　　）。
A. 调查表法　　　　B. 填表法
C. 分层法　　　　D. 因果分析图
E. 分布法

【答 案】1. ×；2. √；3. ×；4. √；5. ×；6. B；7. C；8. A；9. C；10. A；11. B；12. BCD；13. ABD；14. ABCDE；15. BE

岗位知识与专业技能

知识点导图

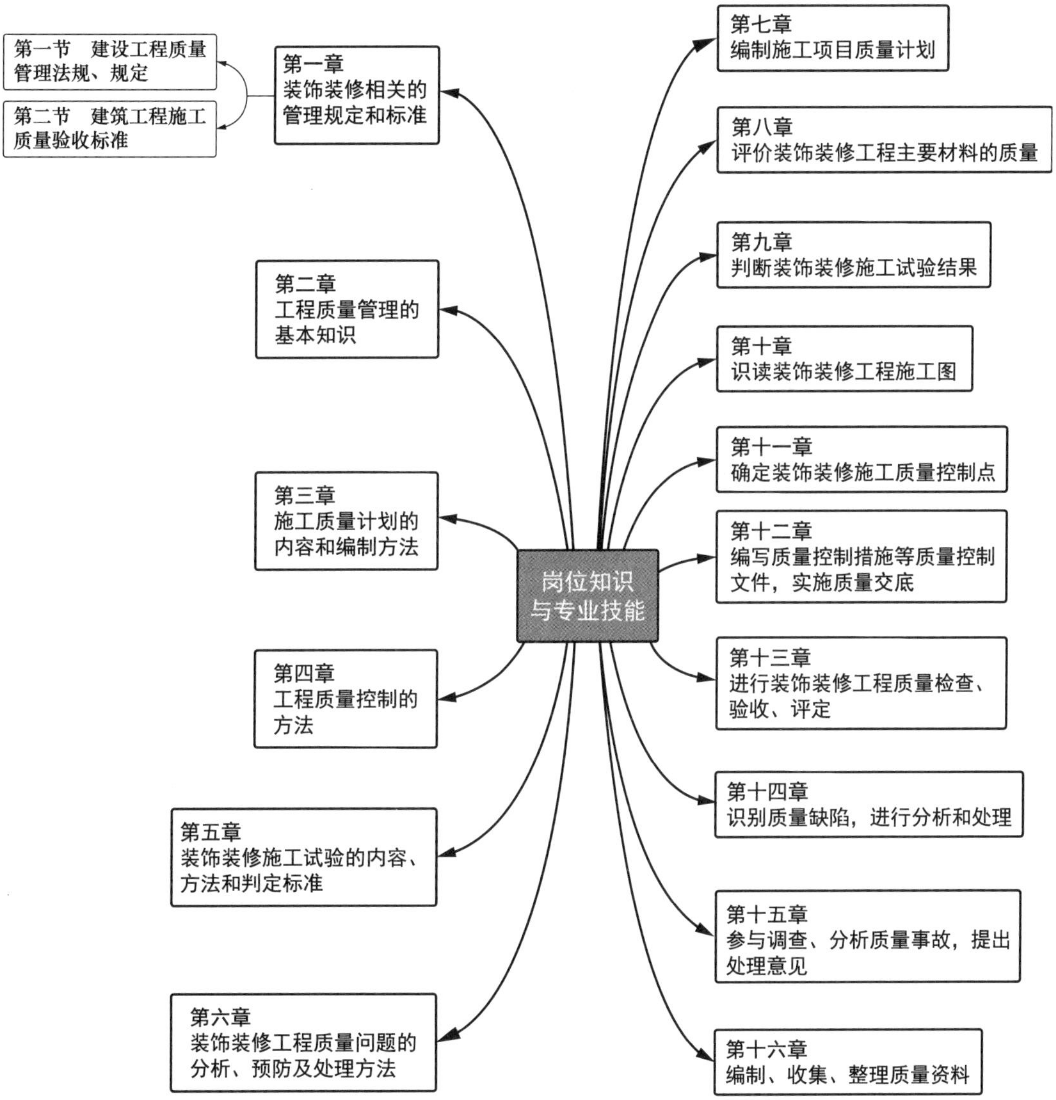

岗位知识与专业技能

- 第一章 装饰装修相关的管理规定和标准
  - 第一节 建设工程质量管理法规、规定
  - 第二节 建筑工程施工质量验收标准
- 第二章 工程质量管理的基本知识
- 第三章 施工质量计划的内容和编制方法
- 第四章 工程质量控制的方法
- 第五章 装饰装修施工试验的内容、方法和判定标准
- 第六章 装饰装修工程质量问题的分析、预防及处理方法
- 第七章 编制施工项目质量计划
- 第八章 评价装饰装修工程主要材料的质量
- 第九章 判断装饰装修施工试验结果
- 第十章 识读装饰装修工程施工图
- 第十一章 确定装饰装修施工质量控制点
- 第十二章 编写质量控制措施等质量控制文件，实施质量交底
- 第十三章 进行装饰装修工程质量检查、验收、评定
- 第十四章 识别质量缺陷，进行分析和处理
- 第十五章 参与调查、分析质量事故，提出处理意见
- 第十六章 编制、收集、整理质量资料

第一章　装饰装修相关的管理规定和标准

第一节　建设工程质量管理法规、规定

考点 1：质量主体的责任和义务★

教材点睛　教材[①] P1 ～ 3

法规依据：《建设工程质量管理条例》（2000 年 1 月 30 日国务院令第 279 号）

《国务院关于修改部分行政法规的决定》（2019 年 4 月 23 日第二次修订）

1. 建设单位的质量责任和义务

（1）将工程发包给具有相应资质等级的单位，不得将建设工程肢解发包。

（2）依法对工程建设项目的勘察、设计、施工、监理以及工程建设的重要材料设备采购进行招标。

（3）向有关的勘察、设计、施工、工程监理等单位提供与建设工程有关的原始资料。

（4）不得迫使承包方以低于成本的价格竞标，不得任意压缩合理工期。

（5）不得明示或者暗示设计单位或者施工单位违反工程建设强制性标准，降低建设工程质量。

（6）施工图设计文件未经审查批准的，不得使用。

（7）实行监理的建设工程，建设单位应当委托具有相应资质等级的工程监理单位进行监理。

（8）开工前按照国家有关规定办理工程质量监督手续、施工许可证、开工报告。

（9）建设单位应当保证自行采购的建筑材料、建筑构配件和设备符合设计文件和合同要求。

2. 勘察、设计单位的质量责任和义务

（1）从事建设工程勘察、设计的单位应当依法取得相应等级的资质证书，并在其资质等级许可的范围内承揽工程。勘察、设计单位不得转包或者违法分包所承揽的工程。

（2）按照工程建设强制性标准进行勘察、设计，并对其勘察、设计的质量负责。

（3）勘察单位提供的地质、测量、水文等勘察成果必须真实、准确。

（4）设计单位应当根据勘察成果文件进行建设工程设计，注明工程合理使用年限。

（5）除有特殊要求的建筑材料、专用设备、工艺生产线等外，设计单位不得指定生产厂、供应商。

（6）设计单位应当就审查合格的施工图设计文件向施工单位作出详细说明。

① 下篇教材特指《质量员岗位知识与专业技能（装饰方向）（第三版）》。

教材点睛 教材 P1～3（续）

（7）设计单位应参与建设工程质量事故分析，并对因设计造成的质量事故，提出相应的技术处理方案。

3. 施工单位的质量责任和义务

（1）施工单位应当依法取得相应等级的资质证书，并在其资质等级许可的范围内承揽工程。禁止施工单位允许其他单位或者个人以本单位的名义承揽工程。不得转包或者违法分包工程。

（2）施工单位对建设工程的施工质量负责，应建立质量责任制，确定工程项目的项目经理、技术负责人和施工管理负责人。

（3）总承包单位依法将建设工程分包给其他单位的，分包单位对其分包工程的质量向总承包单位负责，总承包单位与分包单位对分包工程的质量承担连带责任。

（4）施工单位必须按照工程设计图纸和施工技术标准施工，不得擅自修改工程设计，不得偷工减料。发现设计文件和图纸有差错的，应及时提出意见和建议。

（5）施工单位对施工中出现质量问题的建设工程或者竣工验收不合格的建设工程，应当负责返修。

（6）施工单位应当建立、健全教育培训制度，加强对职工的教育培训；未经教育培训或者考核不合格的人员，不得上岗作业。

4. 工程监理单位的质量责任和义务

（1）工程监理单位应当依法取得相应等级的资质证书，并在其资质等级许可的范围内承担工程监理业务。禁止允许其他单位或者个人以本单位的名义承担工程监理业务，不得转让工程监理业务。

（2）工程监理单位与被监理工程的施工承包单位以及建筑材料、建筑构配件和设备供应单位有隶属关系或者其他利害关系的，不得承担该项建设工程的监理业务。

（3）工程监理单位应当依照法律、法规以及有关技术标准、设计文件和建设工程承包合同，代表建设单位对施工质量实施监理，并对施工质量承担监理责任。

（4）工程监理单位应当选派具备相应资格的总监理工程师和监理工程师进驻施工现场。

（5）工程监理单位应当按照工程监理规范的要求，采取旁站、巡视和平行检验等形式，对建设工程实施监理。

巩固练习

1.【判断题】勘察单位提供的地质、测量、水文等勘察成果必须真实、准确。 （ ）

2.【判断题】施工图设计文件未经审查批准的，不得使用。 （ ）

3.【判断题】施工单位对施工中出现质量问题的建设工程或者竣工验收不合格的建设工程，应当负责返修。 （ ）

4.【判断题】工程监理单位应当选派具备相应资格的总监理工程师和监理工程师进驻施工现场。（　　）

5.【单选题】工程监理单位对建设工程实施监理的形式不包括（　　）。

A. 平行检验　　B. 巡视

C. 视频监控　　D. 旁站

6.【单选题】有关施工单位的质量责任和义务的说法错误的是（　　）。

A. 不得转包或者违法分包工程

B. 施工单位应确定工程项目的执行经理、技术负责人和施工管理负责人

C. 总承包单位与分包单位对分包工程的质量承担连带责任

D. 施工单位应当建立、健全教育培训制度

7.【单选题】设计单位应参与建设工程质量事故分析，并对因设计造成的质量事故，提出相应的（　　）。

A. 赔偿方案　　B. 调查报告

C. 技术处理方案　　D. 事故分析报告

8.【多选题】下列有关建设单位的质量责任和义务的做法中，错误的是（　　）。

A. 明示或者暗示施工单位使用不合格的建筑材料、建筑构配件和设备

B. 明示或者暗示设计单位或者施工单位违反工程建设强制性标准、降低工程质量

C. 向有关的勘察、设计、施工、工程监理等单位提供与建设工程有关的原始资料

D. 委托具有相应资质等级的工程监理单位进行监理

E. 施工图设计文件未经审查批准使用

9.【多选题】下列有关工程监理单位的质量责任和义务的做法中，错误的是（　　）。

A. 转让工程监理业务

B. 代表建设单位对施工质量实施监理，对施工质量承担监理责任

C. 总监理工程师和监理工程师不在现场，远程办公

D. 允许个人以本单位的名义承担工程监理业务

E. 在资质等级许可的范围内承担工程监理业务

【答案】1. √；2. √；3. √；4. √；5. C；6. B；7. C；8. ABE；9. ACD

考点 2：实施工程建设强制性标准监督检查的内容、方式及违规处罚的规定★

教材点睛　教材 P3～4

法规依据：按照《实施工程建设强制性标准监督规定》（建设部令第 81 号）

1. 强制性标准监督检查的内容、方式

（1）有关工程技术人员是否熟悉、掌握强制性标准；

（2）工程项目的规划、勘察、设计、施工及验收等是否符合强制性标准的规定；

（3）工程项目采用的材料、设备是否符合强制性标准的规定；

（4）工程项目的安全、质量管理是否符合强制性标准的规定；

教材点睛 教材 P3～4（续）

（5）工程中采用的导则、指南、手册、计算机软件的内容是否符合强制性标准的规定；

（6）工程建设标准批准部门应当对工程项目执行强制性标准情况进行监督检查。监督检查可以采取重点检查、抽查和专项检查的方式。

2. 强制性标准监督检查的方式

（1）建设项目规划审查机关应当对工程建设规划阶段执行强制性标准的情况实施监督。

（2）施工图设计文件审查单位应当对工程建设勘察、设计阶段执行强制性标准的情况实施监督。

（3）建筑安全监督管理机构应当对工程建设施工阶段执行施工安全强制性标准的情况实施监督。

（4）工程质量监督机构应当对工程建设施工、监理、验收等阶段执行强制性标准的情况实施监督。

（5）工程建设标准批准部门应当定期对上述单位或机构实施强制性标准的监督进行检查，对监督不力的单位和个人，给予通报批评，建议有关部门处理。

（6）工程建设标准批准部门应当对工程项目执行强制性标准情况进行监督检查。监督检查可以采取重点检查、抽查和专项检查的方式。

3. 强制性标准监督检查和违规处罚的规定【P4】

巩固练习

1.【判断题】施工单位违反工程建设强制性标准的，责令改正，处工程合同价款 1% 以上 4% 以下的罚款。（　　）

2.【判断题】勘察、设计单位违反工程建设强制性标准进行勘察、设计的，责令改正，并处以 10 万元以上 30 万元以下的罚款。（　　）

3.【单选题】下列不属于强制性标准监督检查的内容的是（　　）。

A. 有关工程技术人员是否熟悉、掌握强制性标准

B. 工程项目的规划、勘察、设计、施工、验收等是否符合强制性标准的规定

C. 工程项目采用的材料、设备是否符合强制性标准的规定

D. 工程施工管理方法是否符合强制性标准的规定

4.【单选题】施工单位违反工程建设强制性标准的，责令改正，处工程合同价款（　　）以上（　　）以下的罚款。

A. 2%；4%　　　　B. 1%；4%

C. 2%；3%　　　　D. 1%；3%

5.【单选题】工程监理单位违反强制性标准规定，将不合格的建设工程以及建筑材料、建筑构配件和设备按照合格签字的，责令整改，处（　　）万元以上（　　）万元

以下罚款。

A. 50；100　　B. 20；80

C. 50；80　　D. 60；100

6.【单选题】违反工程建设强制性标准造成工程质量、安全隐患或工程事故的，由颁发资质证书的机关对事故责任单位进行的处罚不包括（　　）。

A. 降低资质等级　　B. 责令停业整顿

C. 给予行政处分　　D. 吊销资质证书

7.【单选题】实施的工程建设性标准监督检查不采取的方式是（　　）。

A. 重点检查　　B. 抽查

C. 随机检查　　D. 专项检查

8.【多选题】下列属于强制性标准监督检查的内容的是（　　）。

A. 有关工程技术人员是否熟悉、掌握强制性标准

B. 工程项目的规划、勘察、设计、施工、验收等是否符合强制性标准的规定

C. 工程项目采用的材料、设备是否符合强制性标准的规定

D. 工程施工管理方法是否符合强制性标准的规定

E. 工程施工设备是否符合强制性标准的规定

【答案】1. ×；2. √；3. D；4. A；5. A；6. C；7. C；8. ABC

考点 3：房屋建筑工程和市政基础设施工程竣工验收备案管理的规定●

教材点睛　教材 P4 ～ 5

1. 建设单位办理工程竣工验收备案应当提交的文件

（1）工程竣工验收备案表。

（2）工程竣工验收报告。

（3）法律、行政法规规定应当由规划、环保等部门出具的认可文件或者准许使用文件。

（4）公安消防部门出具的对大型人员密集场所和其他特殊建设工程验收合格的证明文件。

（5）施工单位签署的工程质量保修书。

（6）法规、规章规定必须提供的其他文件。

（7）住宅工程还应当提交《住宅质量保证书》和《住宅使用说明书》。

2. 工程竣工验收备案的其他规定

（1）建设单位应当自工程竣工验收合格之日起 15 日内，依照本办法规定，向工程所在地的县级以上地方人民政府建设主管部门（以下简称备案机关）备案。

（2）工程质量监督机构应当在工程竣工验收之日起 5 日内，向备案机关提交工程质量监督报告。

（3）备案机关发现建设单位在竣工验收过程中有违反国家有关建设工程质量管理

教材点睛 教材 P4～5（续）

规定行为的，应当在收讫竣工验收备案文件 15 日内，责令停止使用，重新组织竣工验收。

（4）建设单位在工程竣工验收合格之日起 15 日内未办理工程竣工验收备案的，备案机关责令限期改正，处 20 万元以上 50 万元以下罚款。

（5）建设单位将备案机关决定重新组织竣工验收的工程，在重新组织竣工验收前，擅自使用的，备案机关责令停止使用，处工程合同价款 2% 以上 4% 以下罚款。

（6）备案机关决定重新组织竣工验收并责令停止使用的工程，建设单位在备案之前已投入使用或者建设单位擅自继续使用造成使用人损失的，由建设单位依法承担赔偿责任。

考点 4：房屋建筑工程质量保修范围、保修期限和违规处罚的规定★

教材点睛 教材 P5

法规依据：《房屋建筑工程质量保修办法》（中华人民共和国建设部令第 80 号）

1. 房屋建筑工程质量保修范围、保修期限

（1）房屋建筑工程保修期从工程竣工验收合格之日起计算；

（2）地基基础工程和主体结构工程，为设计文件规定的该工程的合理使用年限；

（3）屋面防水工程、有防水要求的卫生间、房间和外墙面的防渗漏，为 5 年；

（4）供热与供冷系统，为 2 个供暖期、供冷期；

（5）电气管线、给水排水管道、设备安装为 2 年；

（6）装修工程为 2 年；

（7）其他项目的保修期限由建设单位和施工单位约定；

（8）因使用不当或者第三方造成的质量缺陷，不可抗力造成的质量缺陷，不属于规定的保修范围。

2. 房屋建筑工程质量保修违规处罚

（1）施工单位有下列行为之一的，由建设行政主管部门责令改正，并处 1 万元以上 3 万元以下的罚款：

1）工程竣工验收后，不向建设单位出具质量保修书的；

2）质量保修的内容、期限违反本办法规定的。

（2）施工单位不履行保修义务或者拖延履行保修义务的，由建设行政主管部门责令改正，处 10 万元以上 20 万元以下的罚款。

巩固练习

1.【判断题】质量安全监督机构应当按照有关标准，对建筑装饰装修工程进行质量和安全监督。（　　）

2.【判断题】承担见证取样检测及有关结构安全、使用功能等项目的检测单位应具备相应资质。（　　）

3.【判断题】地基基础和主体结构工程的保修期限为设计文件规定的该工程的合理使用年限。（　　）

4.【判断题】质量监督机构制定质量监督工作方案，确定负责该项工程的质量监督工程师和助理质量监督师。（　　）

5.【单选题】正常使用情况下，屋面防水工程、有防水要求的卫生间、房间和外墙面的防渗漏，最低保修期限为（　　）年。

A. 2　　B. 3

C. 4　　D. 5

6.【单选题】正常使用情况下，房屋建筑装修工程最低保修期限为（　　）年。

A. 2　　B. 3

C. 4　　D. 5

7.【单选题】正常使用情况下，房屋建筑工程的电气系统、给水排水管道、设备安装最低保修期限为（　　）年。

A. 2　　B. 3

C. 4　　D. 5

8.【单选题】建设单位应当自工程竣工验收合格之日起（　　）日内，向工程所在地的县级以上地方人民政府建设主管部门备案。

A. 10　　B. 14

C. 15　　D. 30

9.【单选题】工程质量监督机构应当在工程竣工验收之日起（　　）日内，向备案机关提交工程质量监督报告。

A. 5　　B. 15

C. 20　　D. 30

10.【单选题】施工单位有下列行为的，由建设行政主管部门责令改正，并处 1 万元以上 3 万元以下的罚款（　　）。

A. 工程竣工验收后，向建设单位出具一年质量保证书的

B. 质量保修的内容、期限违反质量保修办法规定的

C. 施工单位不履行保修义务的

D. 施工单位拖延履行保修义务的

11.【多选题】建设单位办理工程竣工验收备案应当提交的文件有（　　）。

A. 工程竣工验收备案表

B. 工程竣工验收报告

C. 规划、环保等部门出具的认可文件

D. 公安消防部门出具的对大型的人员密集场所和其他特殊建设工程验收合格的证明文件

E. 可行性研究报告

【答案】1. ×；2. √；3. √；4. √；5. D；6. A；7. A；8. C；9. A；10. B；11. ABCD

考点 5：建设工程质量检测的有关规定★

教材点睛 教材 P5 ～ 6

1. 检测机构资质

（1）检测机构资质分为综合类资质、专项类资质。

（2）专项类资质包括建筑材料及构配件、主体结构及装饰装修、钢结构、地基基础、建筑节能、建筑幕墙、市政工程材料、道路工程、桥梁及地下工程等 9 个检测机构专项资质。

2. 涉及建筑装饰装修的检测项目

（1）建筑材料及构配件检测专项

主要检测项目：水泥，钢筋（含焊接与机械连接），骨料 / 集料，砖、砌块、瓦、墙板，防水材料，混凝土及拌合用水，混凝土外加剂，混凝土掺合料，砂浆，塑料及金属管材，预制混凝土构件，瓷砖及石材，铝塑复合板，木材料及构配件等。

（2）主体结构及装饰装修检测专项

主要检测项目：混凝土结构构件强度、砌体结构构件强度现场检测，钢筋及保护层厚度检测，植筋锚固力检验，实体位置与尺寸偏差检测（涵盖砌体、混凝土、木结构），表观及内部缺陷，装配式混凝土结构节点，结构构件性能试验（涵盖砌体、混凝土、木结构），木结构，建筑防雷，装饰装修工程，室内环境污染物，材料的有害物质等。

（3）建筑节能检测专项

主要检测项目：保温、绝热材料，粘接材料，增强加固材料，保温砂浆，抹面材料，隔热型材，反射隔热材料，保温复合板，建筑外窗，节能工程现场检测等。

（4）建筑幕墙检测专项

主要检测项目：结构密封胶、幕墙玻璃、幕墙等。

巩固练习

1.【判断题】检测机构资质分为综合类资质、专项类资质。 （ ）

2.【判断题】装饰材料进入现场后，应按规定在施工单位的监督下，由监理单位或建设单位有关人员现场取样，并应由具备相关资质的检验单位进行见证取样检验。

（ ）

3.【单选题】根据《建设工程质量检测管理办法》（中华人民共和国建设部令第 141 号），地基基础工程检测的是（ ）。

A. 混凝土、砂浆、砌体强度现场检测 B. 地基及符合地基承载力检测

C. 钢筋保护层厚度检测 D. 混凝土预制构件结构性能检测

4.【单选题】根据《建设工程质量检测管理办法》（中华人民共和国建设部令第 141 号），钢结构工程检测不包括（ ）。

A. 钢结构焊接质量无损检测

B. 钢结构防腐蚀及防火涂装检测

C. 钢结构节点、机械连接用紧固标准文件及高强度螺栓力学性能检测

D. 钢结构横截面尺寸大小检测

5.【单选题】根据《建设工程质量检测管理办法》(中华人民共和国建设部令第 141 号),主体结构工程检测不包括(　　)。

A. 钢结构焊接质量无损检测　　B. 混凝土、砂浆、砌体强度现场检测

C. 钢筋保护层厚度检测　　D. 后置埋件的力学性能检测

6.【单选题】对涉及结构安全、节能、环境保护和使用功能的重要分部工程应在验收前按规定进行(　　)。

A. 重点检测　　B. 抽样检测

C. 随机检测　　D. 专项检测

7.【多选题】根据《建设工程质量检测管理办法》(中华人民共和国建设部令第 141 号),见证取样检测包括(　　)。

A. 水泥物理力学性能检测　　B. 钢筋(含焊接与机械连接)力学性能检测

C. 砂、石常规检验　　D. 混凝土、砂浆强度检验

E. 简易土工检验

8.【多选题】《建筑工程施工质量验收统一标准》GB 50300—2013 规定,对涉及(　　)和主要使用功能的试块、试件及材料,应在进场时或施工中按规定进行见证检验。

A. 质量　　B. 结构安全

C. 观感　　D. 节能

E. 环境保护

【答案】1. √;2. ×;3. B;4. D;5. A;6. B;7. ABCDE;8. BDE

第二节　建筑工程施工质量验收标准

考点 6:建筑工程质量验收的划分、合格判定以及质量验收的程序和组织的要求

教材点睛　教材 P6 ~ 7

法规依据:《建筑工程施工质量验收统一标准》GB 50300—2013

1. 建筑工程施工质量验收要求【条文 3.0.6,P6】

2. 检验批质量验收合格应符合的规定【条文 5.0.1,P6~7】

3. 分项工程质量验收合格应符合的规定【条文 5.0.2,P7】

4. 分部工程质量验收合格应符合的规定【条文 5.0.3,P7】

5. 单位工程质量验收合格应符合的规定【条文 5.0.4,P7】

6. 建筑工程质量验收的程序和组织【条文 6.0.1、6.0.2、6.0.3、6.0.5、6.0.6,P7】

巩固练习

1.【单选题】相同材料、工艺和施工条件的室内饰面板（砖）工程，对大面积房间和走廊施工面积每（　　）m^2 应划分为一个检验批。

A. 100　　B. 30

C. 50　　D. 80

2.【单选题】相同材料、工艺和施工条件的室外饰面板（砖）工程，每个检验批每（　　）m^2 应至少抽查一处。

A. 500　　B. 400

C. 200　　D. 100

3.【单选题】抹灰子分部工程中不包含的分项工程是（　　）。

A. 一般抹灰　　B. 装饰抹灰

C. 外墙砂浆防水　　D. 保温层薄抹灰

4.【单选题】建设单位收到工程验收报告后，应由（　　）组织施工（含分包单位）、设计、监理等单位（项目）负责人进行单位（子单位）工程验收。

A. 建设单位项目负责人　　B. 检测单位项目负责人

C. 监督单位项目负责人　　D. 勘察单位项目负责人

5.【多选题】建筑工程施工质量验收做法符合要求的有（　　）。

A. 验收在自检合格的基础上进行

B. 检验批按主控项目和一般项目验收

C. 观感质量由验收人员现场检查并共同确认

D. 施工符合勘察、设计文件的要求

E. 涉及安全和使用功能的分部工程在验收后进行抽样检验

【答案】1. B；2. D；3. C；4. A；5. ABCD

考点 7：一般装饰装修工程质量验收的要求★

法规依据：《建筑装饰装修工程质量验收标准》GB 50210—2018 中强制条文及质量验收的要求。【P7～8】

巩固练习

1.【判断题】装修施工环境温度不应低于 10℃。（　　）

2.【判断题】当室内装修工程重复使用同一设计方案时，宜先做样板间。（　　）

3.【判断题】铝合金平开窗用于外墙时，必须有防止窗扇在负风压下向室外脱落的装置。（　　）

4.【判断题】未经原设计单位或者具有相应资质等级的建设单位提出设计方案，不得变动建筑主体和承重结构。（　　）

5.【单选题】（　　）企业可承担各类建筑室内、室外装修装饰工程的施工。

A. 甲级　　　　B. 二级
C. 三级　　　　D. 四级

6.【单选题】下列关于住宅室内装饰装修活动中禁止行为表述错误的是（　　）。

A. 经原设计单位或者具有相应资质等级的设计单位提出设计方案，变动建筑主体和承重结构

B. 将没有防水要求的房间或者阳台改为卫生间、厨房间

C. 扩大承重墙原有的门窗尺寸，拆除连接阳台的砖、混凝土墙体

D. 损坏房屋原有节能设施，降低节能效果

7.【单选题】当建筑装饰装修工程涉及主体和承重结构改动或增加荷载时，必须由原结构设计单位或具备相应资质的设计单位核查有关原始资料，对既有结构的（　　）进行核验、确认。

A. 使用功能　　　　B. 质量
C. 安全性　　　　D. 耐久性

8.【单选题】建筑装饰装修工程所使用的材料应按设计要求进行（　　）处理。

A. 防爆、防滑和防火　　　　B. 防火、防腐和防虫
C. 防水、防滑和防爆　　　　D. 防腐、防电和防爆

9.【多选题】建筑装饰装修工程施工中，严禁违反设计文件擅自改动（　　）；严禁未经设计确认和有关部门批准擅自拆改水、暖、电、燃气、通信等配套设施。

A. 间隔墙　　　　B. 建筑主体
C. 承重结构　　　　D. 主要使用功能
E. 装修材料

【答案】1. ×；2. √；3. ×；4. √；5. A；6. A；7. C；8. B；9. BCD

考点 8：铝合金门窗工程施工及验收的要求

法规依据：《铝合金门窗工程设计、施工及验收规范》DBJ 15—30—2002 中的强制性条文。【P8～9】

巩固练习

1.【判断题】与铝门窗框扇型材连接用的紧固件，可以采用铝及铝合金抽芯铆钉做门窗构件受力连接紧固件。（　　）

2.【判断题】铝门型材截面主要受力部位最小实测壁厚应不小于 2.0mm，窗型材截面主要受力部位最小实测壁厚应不小于 1.4mm。（　　）

3.【单选题】作用于建筑外门窗上的风荷载标准值应按现行国家标准《建筑结构荷载规范》GB 50009 计算，且不应小于（　　）。

A. $0.5kN/m^2$　　　　B. $1.0kN/m^2$
C. $1.5kN/m^2$　　　　D. $2.0kN/m^2$

4.【单选题】根据《铝合金门窗工程设计、施工及验收规范》DBJ 15—30—2002 的

规定，无室外阳台的外窗台距室内地面高度小于（　　）m，必须采用安全玻璃并加设可靠的防护措施。

A. 0.9　　B. 1.0

C. 1.1　　D. 1.2

5.【单选题】《铝合金门窗工程设计、施工及验收规范》DBJ 15—30—2002，其中不符合安全性设计的是（　　）。

A. 在人流出入较多，可能产生拥挤和儿童集中的公共场所的门和落地窗，必须采用钢化玻璃或夹层玻璃等安全玻璃

B. 推拉窗用于外墙时，必须有防止窗扇在负风压下向室外脱落的装置

C. 无室外阳台的外窗台距室内地面高度小于 0.9m，必须采用安全玻璃并加设可靠的防护措施

D. 与铝门窗框扇型材连接用的紧固件，必须采用铝及铝合金抽芯铆钉做门窗构件受力连接紧固件

6.【单选题】门窗构件由风荷载作用力产生的最大挠度值应进行计算满足规范要求，并且应同时满足绝对挠度值不大于（　　）。

A. 5mm　　B. 10mm

C. 15mm　　D. 20mm

【答案】1. ×；2. √；3. B；4. A；5. D；6. C

考点 9：建筑幕墙工程施工质量验收的要求

法规依据：《金属与石材幕墙工程技术规范》JGJ 133—2001 中强制性条文。【P9～12】

巩固练习

1.【判断题】钢销式石材幕墙可以在非抗震设计或 7 度、8 度抗震设中应用，幕墙高度不宜大于 20m，石板面积不宜大于 1.0m^2。（　　）

2.【判断题】人员流动密度大、青少年或幼儿活动的公共场所以及使用中容易受到撞击的部位，其玻璃幕墙应采用安全玻璃。（　　）

3.【判断题】金属幕墙上下立柱之间应有 15mm 的缝隙，并应采用芯柱连接。芯柱与上柱之间应采用不锈钢螺栓固定。（　　）

4.【判断题】全玻璃幕墙和点支承玻璃幕墙采用镀膜玻璃时，不应采用酸性硅酮结构密封胶粘接。（　　）

5.【判断题】《玻璃幕墙工程技术规范》JGJ 102—2003 规定，连接件与主体结构的锚固承载力设计值应不小于连接件本身的承载力设计值。（　　）

6.【单选题】根据《金属与石材幕墙工程技术规范》JGJ 133—2001 规定，石材幕墙用花岗石板材的（　　）应经法定检查机构检测确定。

A. 抗拉强度　　B. 抗压强度

C. 抗折强度　　D. 弯曲强度

7.【单选题】下列玻璃幕墙可以在现场注胶的是（　　）。

A. 隐框玻璃幕墙　　B. 半隐框玻璃幕墙

C. 全玻璃幕墙　　D. 点支承玻璃幕墙

8.【单选题】当高层建筑的玻璃幕墙安装与主体结构施工交叉作业时，在主体结构的施工层下方应设置防护网；在距离地面约 3m 高度处，应设置挑出宽度不小于（　　）m 的水平防护网。

A. 3　　B. 4

C. 5　　D. 6

9.【多选题】金属与石材幕墙安装施工应进行验收的项目包括主体结构与立柱、立柱与横梁连接节点安装及防腐处理、（　　）。

A. 幕墙的防火、保温安装

B. 幕墙的伸缩缝、沉降缝、防震缝及阴阳角的安装

C. 幕墙的防雷节点的安装

D. 幕墙的封口安装

E. 后置埋件的强度

【答案】1. ×；2. √；3. ×；4. √；5. ×；6. D；7. C；8. D；9. ABCD

考点 10：屋面及防水工程施工质量验收要求

法规依据：《屋面工程质量验收规范》GB 50207—2012 中强制性条文。【P13】

巩固练习

1.【判断题】屋面工程所用的防水、保温材料应有产品合格证书和性能检测报告。（　　）

2.【判断题】屋面工程所用的防水、保温材料产品质量应由经过县级以上建设行政主管部门对其资质认可和质量技术监督部门对其计量认证的质量检测单位进行检测。（　　）

3.【单选题】在大风及地震设防地区或屋面坡度（　　）时，屋面瓦片应按设计要求采取固定加强措施。

A. 大于 50%　　B. 大于 100%

C. 大于 150%　　D. 大于 200%

4.【单选题】屋面防水卷材平行屋脊的卷材搭接缝，其方向应（　　）。

A. 顺流水方向　　B. 垂直流水方向

C. 顺年最大频率风向　　D. 垂直年最大频率风向

5.【单选题】当屋面坡度达到（　　）时，卷材必须采取满粘和钉压固定措施。

A. 3%　　B. 10%

C. 15%　　D. 25%

6.【单选题】屋面防水层用细石混凝土作保护层时，细石混凝土应留设分格缝，其

纵横间距一般最大为（　　）。

A. 5m　　B. 6m

C. 8m　　D. 10m

7.【单选题】屋面防水工程完工后，应进行（　　）和雨后观察及淋水、蓄水试验，不得有渗漏和积水现象。

A. 观感质量检查　　B. 防水层厚度检测

C. 材料保温系数检测　　D. 材料防腐性能检测

8.【多选题】《屋面工程质量验收规范》GB 50207—2012 中，保温材料（　　）必须符合设计要求。

A. 导热系数　　B. 刚度系数

C. 表观密度或干密度　　D. 抗压强度或压缩强度

E. 燃烧性能

【答案】1. √；2. ×；3. B；4. A；5. D；6. B；7. A；8. ACDE

考点 11：建筑地面工程施工质量验收的要求●

法规依据：《建筑地面工程施工质量验收规范》GB 50209—2010 中强制性条文。【P13～14】

巩固练习

1.【判断题】有防水要求的地面工程，铺设前必须对立管、套管和地漏与楼板节点之间进行密封处理，并应进行隐蔽验收。（　　）

2.【判断题】厕浴间和有防水要求的建筑地面必须设置防水隔离层，楼层结构必须采用现浇混凝土，严禁采用预制混凝土板。（　　）

3.【单选题】厕浴间和有防水要求的建筑地面必须设置（　　）。楼层结构必须采用现浇混凝土或整块混凝土板，混凝土强度等级（　　）。

A. 防水隔离层；大于 C15　　B. 保温层；大于 C20

C. 防水隔离层；不应小于 C20　　D. 保温层；不应小于 C15

4.【单选题】不发火（防爆）面层中碎石的不发火性必须合格；砂应质地坚硬、表面粗糙，其粒径应为（　　）mm，含泥量不应大于（　　），有机物含量不应大于（　　）。

A. 0.15～5；2%；0.5%　　B. 0.2～5；3%；0.6%

C. 0.2～5；2%；0.6%　　D. 0.15～5；3%；0.5%

5.【单选题】厕浴间和有防水要求的房间楼板四周除门洞外应做混凝土翻边，高度不应小于（　　），宽同墙厚，混凝土强度等级不应小于 C20。

A. 100mm　　B. 200mm

C. 150mm　　D. 50mm

6.【单选题】不发火（防爆）地面面层中的水泥应采用（　　）。

A. 矿渣水泥　　B. 硅酸盐水泥、普通硅酸盐水泥

C. 火山灰水泥　　　　　　　　　　D. 复合水泥

7.【多选题】有防水要求的地面防水隔离层严禁渗漏，排水的坡向应正确、排水通畅，检验方法包括（　　）。

A. 观察检查　　　　　　　　　　B. 蓄水、泼水检验

C. 坡度尺检查　　　　　　　　　D. 检查验收记录

E. 水压试验

【答案】1. √；2. ×；3. C；4. D；5. B；6. B；7. ABCD

考点 12：民用建筑工程室内环境污染控制的要求

法规依据：《民用建筑工程室内环境污染控制标准》GB 50325—2020 中强制性规定条文。【P14～16】

巩固练习

1.【判断题】室内装饰装修工程应进行污染物控制设计，在施工阶段应按设计要求采购材料与施工。（　　）

2.【判断题】室内装饰装修工程的室内空气质量检测宜在工程完工 10d 后进行。（　　）

3.【单选题】民用建筑工程室内装修中所采用的人造木板及饰面人造木板，必须有（　　）检测报告，并应符合设计要求和本规范的有关规定。

A. 游离甲醛含量或游离甲基丙胺释放量

B. 无机化合物和游离甲醛释放量

C. 有机化合物和甲基丙胺含量

D. 游离甲醛含量或游离甲醛释放量

4.【单选题】民用建筑工程室内严禁使用（　　）清洗施工用具。

A. 无机溶剂　　　　　　　　　　B. 有机溶剂

C. 强酸溶剂　　　　　　　　　　D. 强碱溶剂

5.【多选题】装修施工阶段污染物控制的做法正确的是（　　）。

A. 施工组织方案中包括装修施工污染控制的内容

B. 现场施工应符合职业卫生的要求

C. 木地板采用煤焦油类作为防潮处理剂

D. 室内使用有机溶剂清洗施工用具

E. 室内装修使用混苯作为稀释剂

6.【多选题】民用建筑工程室内装修中所采用的水性涂料、水性胶粘剂、水性处理剂必须有同批次产品的（　　）含量检测报告。

A. 苯　　　　　　　　　　　　　B. 甲苯、二甲苯

C. 挥发性有机化合物（VOC）　　D. 游离甲醛

E. 游离甲苯二异氰酸酯（TDI）

7.【多选题】民用建筑工程室内装修时，严禁使用（　　）作为稀释剂和溶剂。

A. 苯　　B. 工业苯

C. 石油苯　　D. 重质苯

E. 水

【答案】1. √；2. ×；3. D；4. B；5. AB；6. CD；7. ABCD

考点 13：建筑内部装修防火施工及验收要求●

法规依据：《建筑内部装修防火施工及验收规范》GB 50354—2005 中强制性条文。【P16】

巩固练习

1.【判断题】装修施工过程中，装修材料应远离火源，指派专人负责施工现场的防火安全。（　　）

2.【判断题】需变更防火设计时，应上报设计单位做出设计变更。（　　）

3.【判断题】建筑工程内部装修不得影响消防设施的使用功能。（　　）

4.【判断题】装修材料或产品的见证取样检验结果应满足使用要求。（　　）

5.【单选题】装修材料进场时应核查的技术文件不包括（　　）。

A. 复试报告　　B. 燃烧性能或耐火极限检验报告

C. 合格证书　　D. 防火性能型式检验报告

6.【单选题】装修材料进入施工现场后，应按规范在（　　）监督下现场取样，并应由具备相应资质的检验单位进行检验。

A. 设计单位　　B. 监理单位或建设单位

C. 质量监督单位　　D. 消防验收单位

7.【单选题】装修材料燃烧性能检验抽样做法不符合要求的是（　　）。

A. 现场阻燃处理后的纺织织物，每种取 $10m^2$ 检验燃烧性能

B. 施工过程中受湿浸、燃烧性能可能受影响的纺织织物，每种取 $2m^2$ 检验燃烧性能

C. 现场阻燃处理后的复合材料，每种取 $4m^2$ 检验燃烧性能

D. 现场阻燃处理后的泡沫塑料，每种取 $0.1m^3$ 检验燃烧性能

8.【单选题】建筑内部装修防火施工过程中的一般项目检验结果合格率应达到（　　）。

A. 100%　　B. 90%

C. 80%　　D. 75%

9.【多选题】关于建筑内部装修防火施工及验收要求说法正确的有（　　）。

A. 进入施工现场的装修材料应完好，并应核查技术文件是否符合防火设计要求

B. 装修施工过程中，装修材料应远离火源，并应指派专人负责施工现场的防火安全

C. 装修施工过程中，应对各装修部位的施工过程作详细记录

D. 现场阻燃处理后的纺织织物，每种取 $1m^2$ 检验燃烧性能

E. 施工资料审查全部合格、施工过程全部符合要求、现场抽样检测结果全部合格时，工程验收为合格

【答案】1. √；2. ×；3. √；4. ×；5. A；6. B；7. A；8. C；9. ABCE

考点 14：建筑装饰装修工程成品保护的技术要求

法规依据：《建筑装饰装修工程成品保护技术标准》JGJ/T 427—2018。【P17】

巩固练习

1.【判断题】成品保护过程中应采取相应的防火措施。（　　）

2.【判断题】成品保护重要部位应设置明显的保护标识。（　　）

3.【单选题】装饰装修工程竣工验收时，应提供使用手册，使用手册不包括（　　）。

A. 拆除方法　　B. 使用方法及注意事项

C. 日常维护和保养　　D. 清洁方法及注意事项

4.【多选题】成品保护可采用（　　）等方式。

A. 包裹　　B. 覆盖

C. 遮搭　　D. 封闭

E. 搬移

5.【多选题】成品保护所用材料应符合国家现行相关材料规范，并符合工序质量要求，宜采用（　　）。

A. 可再循环使用的材料　　B. 绿色、环保材料

C. 质优价高材料　　D. 质优价低材料

E. 一次性材料

【答案】1. √；2. √；3. A；4. ABCD；5. AB

考点 15：建筑节能工程施工质量验收的要求●

法规依据：《建筑节能工程施工质量验收标准》GB 50411—2019 中土建类强制性条文。【P17～20】

巩固练习

1.【判断题】单位工程竣工验收应与建筑节能分部工程验收同时进行。（　　）

2.【判断题】当设计变更涉及建筑节能效果时，应经原施工图设计审查机构或具有相同资质的审查机构审查，在实施前应办理设计变更手续，并应获得监理或建设单位的确认。（　　）

3.【判断题】通风与空调系统安装完毕，应进行通风机和空调机等设备的单机试运转和调试，并应进行系统的风量平衡调试。（　　）

4.【多选题】根据《建筑节能工程施工质量验收规范》GB 50411—2007 的规定，建筑外窗的（   ）等应符合设计要求。

A. 气密性　　　　　　B. 抗风压性能

C. 保温性能　　　　　D. 中空玻璃露点

E. 玻璃遮阳系数

5.【多选题】《建筑节能工程施工质量验收规范》GB 50411—2007 的强制性条文中，采暖系统的安装应符合的规定有（   ）。

A. 采暖系统的制式应符合设计要求

B. 散热设备、阀门、过滤器、温度计及仪表应按设计要求安装齐全，不得随意增减和更换

C. 保温材料应分层施工

D. 室内温度调整控制、热计量装置、水力平衡装置以及热力入口设置的安装位置和方向应符合设计要求，并便于观察、操作和调试

E. 各种设备、总控阀门与仪表应按设计要求安装齐全，不得随意增减和更换

6.【多选题】《建筑节能工程施工质量验收规范》GB 50411—2007 的强制性条文中，墙体节能工程施工应符合的规定有（   ）。

A. 保温浆料待结构成型后统一施工

B. 保温隔热材料的厚度必须符合设计要求

C. 保温板与基层及各构层之间的粘结或连接必须牢固

D. 墙体保温层采取预埋或后置锚固件固定时，锚固件数量、位置、锚固深度和拉拔力应符合设计要求

E. 各种设备、总控阀门与仪表应按设计要求安装齐全，不得随意增减和更换

7.【多选题】建筑节能分部工程质量验收合格，应符合的规定有（   ）。

A. 分项工程应全部合格

B. 质量控制资料应完整

C. 外墙节能构造现场实体检验结果应符合设计要求

D. 严寒、寒冷和夏热冬冷地区的外窗气密性现场实体检验结果应合格

E. 建筑设备工程系统节能性能检测结果应合格

【答案】1. ×；2. ×；3. √；4. ACDE；5. ABD；6. BCD；7. ABCDE

第二章　工程质量管理的基本知识

考点 16：质量与工程质量管理●

教材点睛　教材 P21～23

1. 工程质量与质量管理的概念

（1）工程质量的特点：影响因素多；质量波动大；质量的隐蔽性；终检的局限性；评价方法的特殊性。

（2）工程质量的特性：适用性、耐久性、安全性、可靠性、经济性、与环境的协调性等。

2. 工程质量管理的特点

（1）工程项目的质量特性较多。

（2）工程项目形体庞大，高投入，周期长，牵涉面广，具有风险性。

（3）影响工程项目质量因素多。

（4）工程项目质量管理难度较大。

（5）工程项目质量具有隐蔽性。

3. 影响工程质量的主要因素：人的因素、技术因素、管理因素、环境因素和社会因素等。

巩固练习

1.【判断题】工程项目形体庞大，高投入，周期长，牵涉面广，具有风险性。（　　）

2.【判断题】建设工程质量的特性主要表现在六个方面：实用性、耐久性、安全性、可靠性、经济性、与环境协调性等。（　　）

3.【判断题】建设工程质量是指工程满足业主需要的、符合国家法律、法规、技术规范标准、设计文件及合同规定的特性综合。（　　）

4.【判断题】为了保证建设工程质量，我国规定对工程所使用的主要材料、半成品、构配件以及施工过程留置的试块、试件等应实行现场见证取样送检。（　　）

5.【判断题】建设工程项目质量的影响因素主要是指在建设工程项目质量目标策划、决策和实现过程中影响质量形成的各种客观因素和主观因素。（　　）

6.【单选题】下列不属于工程质量管理特点的是（　　）。

A. 工程项目的质量特性较多

B. 工程项目形体庞大，高投入，周期长，牵涉面广，具有风险性

C. 影响工程项目质量的因素多

D. 工程项目质量具有局限性

7.【单选题】工程实体质量要达到的基本要求不包括满足（　　）。

A. 适用性　　B. 经济性

C. 合理性　　D. 耐久性

8.【多选题】建设工程质量的特性主要表现在（　　）。

A. 特殊性　　B. 局限性

C. 隐蔽性　　D. 耐久性

E. 经济性

9.【多选题】影响工程质量的因素有（　　）。

A. 人员素质　　B. 管理途径

C. 机械设备　　D. 环境条件

E. 工程材料

10.【多选题】影响工程质量的因素分析中的方法是指（　　）。

A. 工艺方法　　B. 技术方法

C. 施工方案　　D. 操作方法

E. 管理方法

11.【多选题】环境条件是指对工程质量特性起重要作用的环境因素，包括（　　）。

A. 工程技术环境　　B. 工程作业环境

C. 工程管理环境　　D. 人文环境

E. 周边环境

【答案】1. √；2. ×；3. √；4. √；5. √；6. D；7. C；8. DE；9. ACDE；10. ACD；11. ABCE

考点 17：施工质量保证体系的建立与运行

教材点睛　教材 P23 ～ 25

1. 施工质量保证体系内容

（1）质量保证体系的核心：依靠人的积极性和创造性，发挥科学技术的力量。

（2）质量保证体系的实质：责任制和奖罚。

（3）施工质量保证体系内容主要包括：项目施工质量目标、项目施工质量计划、思想保证体系、组织保证体系、工作保证体系。

2. 施工质量保证体系运行

以质量计划为主线，以过程管理为重心，按 PDCA 循环进行，通过计划→实施→检查→处理的管理循环步骤展开控制，提高保证水平。

考点 18：施工企业质量管理体系文件的构成★

教材点睛 教材 P25 ～ 27

1. 施工企业质量管理体系文件

一般包括：质量手册、程序文件、质量计划、质量记录等。

2. 质量手册

（1）质量手册包括：公司介绍、组织架构、质量方针、质量目标、对各个程序的部分引用说明等。

（2）质量手册的作用

1）对内由企业最高领导批准发布的有权威的、实施各项质量管理活动的基本法规和行动准则。

2）对外证明企业质量体系存在，是取得用户和第三方信任的手段。

3）质量手册为协调质量体系有效运行提供了有效手段，也为其评价和审核提供了依据。

3. 程序文件

（1）程序文件至少应包括：文件控制程序、质量记录管理程序、不合格品控制程序、内部审核程序、预防措施控制程序、纠正措施控制程序等。

（2）程序文件的作用：使质量活动受控；对影响质量的各项活动作出规定；规定各项活动的方法和评定的准则，使各项活动处于受控状态；阐明与质量活动有关人员的责任（职责、权限、相互关系）；作为执行、验证和评审质量活动的依据；在实际活动中执行程序的规定；执行的情况应留下证据；依据程序审核实际运作是否符合要求。

4. 质量计划的内容

包括：编制依据；项目概况；质量目标；组织机构；质量控制及管理组织协调的系统描述；必要的质量控制手段，施工过程，服务、检验和试验程序等；确定关键工序和特殊过程及作业的指导书；与施工阶段相适应的检验、试验、测量、验证要求；更改和完善质量计划的程序；必要的记录。

5. 质量记录填写要求

（1）质量记录填写要清楚，字迹要清晰，不得使用铅笔填写，不得随意更改。

（2）填写质量记录内容要求真实、完整。

（3）记录完毕后，责任人应签名，签名时须填写全名。

（4）质量记录的表格上所有须填的栏目，均应进行相应填写，若有不适用的栏目应加画斜线。

考点 19：质量管理体系建立★

教材点睛　教材 P27 ～ 28

1. 质量管理原则

以顾客为关注焦点；领导作用；全员积极参与；过程方法；改进；循证决策；关系管理。

2. 施工企业质量管理体系的建立

（1）建立完善的质量管理体系并使之有效运行，是企业质量管理的核心，也是贯彻质量管理和质量保证标准的关键。

（2）施工企业质量管理体系的建立分为三个阶段：质量管理体系的建立、质量管理体系文件的编制和质量管理体系的运行。

3. 企业质量管理体系的认证与监督

（1）质量管理体系的认证：由公正的第三方认证机构，依据质量管理体系的要求标准，审核企业质量管理体系要求的符合性和实施的有效性，进行独立、客观、科学、公正地评价，得出结论。

（2）认证应按申请、审核、审批与注册发证等程序进行。

（3）获准认证后的监督管理

1）企业获准认证后的有效期为三年。

2）企业获准认证后，应进行经常性的内部审核，保持质量管理体系的有效性，并每年一次接受认证机构对企业质量管理体系实施的监督管理。

巩固练习

1.【判断题】质量保证体系的实质就是一系列的手册、汇编和图表等，质量保证体系的体现就是责任制和奖罚。（　　）

2.【判断题】思想保证体系是项目施工质量保证体系的基础，使全体人员树立“质量第一”“一切为用户服务”的思想观点。（　　）

3.【判断题】质量保证体系的运行应以质量计划为主线，以过程管理为重心，按 PDCA 循环进行。（　　）

4.【单选题】施工质量保证体系中的工作保证体系主要是明确工作任务和建立工作制度，具体实施体现的项目阶段不包括（　　）。

A. 设计阶段　　B. 施工准备阶段

C. 施工阶段　　D. 竣工验收阶段

5.【单选题】质量管理 PDCA 循环的内容不包括（　　）。

A. 计划　　B. 实施

C. 检查　　D. 验收

6.【单选题】质量记录的填写要求错误的是（　　）。

A. 内容要求真实、完整
B. 责任人签名填写化名
C. 不适用的栏目应加画斜线
D. 因笔误需更改，可在更改处字上画一横线更正并签名认可

7.【多选题】施工质量保证体系内容主要包括（　　）。

A. 项目施工质量目标
B. 项目施工质量计划
C. 资金保证体系
D. 组织保证体系
E. 工作保证体系

8.【多选题】施工企业质量管理体系文件一般包括（　　）。

A. 质量规范
B. 质量计划
C. 质量手册
D. 程序文件
E. 质量记录

【答案】1. ×；2. √；3. √；4. A；5. D；6. B；7. ABDE；8. BCDE

第三章　施工质量计划的内容和编制方法

考点 20：施工质量计划★●

教材点睛　教材 P29 ～ 30

1. 施工质量计划的概念

（1）项目施工质量计划：以特定项目为对象，是将施工质量验收统一标准、企业质量手册和程序文件的通用要求与特定项目联系起来的文件，应根据企业的质量手册和本项目质量目标来编制。

（2）施工质量计划按内容分为：施工质量工作计划和施工质量成本计划。其中，施工质量成本计划又分为运行质量成本和外部质量保证成本。

2. 施工质量计划的内容

（1）工程特点及施工条件（合同条件、法规条件和环境条件等）分析；

（2）质量总目标及其分解目标；

（3）质量管理组织机构和职责，人员及资源配置计划；

（4）确定施工工艺与操作方法的技术方案和施工组织方案；

（5）施工材料、设备等物质的质量管理及控制措施；

（6）施工质量检验、检测、试验工作的计划安排及其实施方法与接收准则；

（7）施工质量控制点及其跟踪控制的方式与要求；

（8）质量记录的要求等；

（9）达到质量目标的测量、验收方法，及应采取的其他措施；

（10）纠正和预防措施。

3. 施工质量计划的编制方法

（1）施工质量计划的编制主体

1）平行发包方式下，各承包单位为编制主体，应分别编制施工质量计划；

2）总分包模式下，施工总承包单位为编制主体，编制总承包工程范围的施工质量计划；各分包单位编制其分包范围的施工质量计划，作为施工总承包方质量计划的深化和组成部分。

（2）施工质量计划涵盖的范围：与工程承包合同规定的承包范围一致。

（3）建设工程项目的施工质量计划，应在施工程序、控制组织、控制措施、控制方式等方面，形成一个有机的质量计划系统，确保实现项目质量总目标和各分解目标的控制能力。

巩固练习

1.【判断题】产品策划是对质量特性进行识别、分类和比较，并建立其目标、质量要求和约束条件。（ ）

2.【判断题】管理和作业计划是对施工体系进行准备，包括组织和安排。（ ）

3.【判断题】施工质量检验、检测、试验工作的计划安排及其实施方法与接收准则是施工质量计划的内容之一。（ ）

4.【判断题】施工质量计划应由自控主体即施工发包企业进行编制。（ ）

5.【判断题】施工总承包方有责任对各分包方施工质量计划的编制进行指导和审核，并承担相应施工质量的连带责任。（ ）

6.【单选题】质量策划不包括（ ）。

A. 产品策划　　B. 服务策划

C. 管理和作业策划　　D. 编制质量计划和作出质量改进规定

7.【单选题】下列选项中属于施工质量计划的主要内容的是（ ）。

A. 确定施工工艺与操作方法的技术方案和施工组织方案

B. 基于事实分析，作出决策并采取措施

C. 通过测量和评估，持续改进体系

D. 设定目标，并确定如何运行体系中的特殊活动

8.【多选题】施工质量计划的主要内容包括（ ）。

A. 质量总目标及其分解目标

B. 确定施工工艺与操作方法的技术方案和施工组织方案

C. 对发现的安全生产违章违规行为或安全隐患，应予以纠正或作出处理决定

D. 施工质量检验、检测、试验工作的计划安排及其实施方法与接收准则

E. 质量记录的要求

9.【多选题】建设工程项目的施工质量计划，应在（ ）等方面，形成一个有机的质量计划系统，确保实现项目质量总目标和各分解目标的控制能力。

A. 控制组织　　B. 施工程序

C. 控制措施　　D. 控制方式

E. 施工组织

【答案】1. √；2. ×；3. √；4. √；5. √；6. B；7. A；8. ABDE；9. ABCD

第四章　工程质量控制的方法

考点 21：施工质量控制的基本环节和一般方法★

教材点睛　教材 P31 ～ 33

1. 施工质量控制的基本环节

（1）三个基本环节：事前质量控制，事中质量控制，事后质量控制。

（2）施工质量控制的实质：是质量管理的 PDCA 循环的具体化，在每一次滚动循环中不断提高，实现质量管理和质量控制的持续改进。

2. 施工质量控制的依据

（1）共同性依据：国家颁布的法律法规，《中华人民共和国建筑法》《建设工程质量管理条例》《建筑业企业资质管理规定》。

（2）专业技术性依据：建筑装饰装修行业的专业技术标准、规范、规程或规定文件。

（3）项目专用性依据：特定项目的工程建设合同、勘察设计文件、设计交底及图纸会审记录、设计修改和技术变更通知，以及相关会议记录和工程联系单等。

3. 施工质量控制的一般方法

（1）施工质量控制方法分为质量文件审核和现场质量检查两个部分。

（2）质量文件审核：针对施工过程形成的技术文件、报告或报表进行审核。

（3）现场质量检查

1）检查内容包括：开工前的检查，工序交接检查，隐蔽工程的检查，停工后复工的检查，分项、分部工程完成后的检查，以及成品保护的检查。

2）检查方法主要有：目测法、实测法和试验法等。

巩固练习

1.【判断题】施工质量控制方法分为质量文件审核和现场质量检查两个部分。（　　）

2.【判断题】质量文件审核是针对施工过程形成的技术文件、报告或报表进行审核。（　　）

3.【单选题】施工质量控制的三个基本环节不包括（　　）。

A. 专业控制　　B. 事前质量控制

C. 事后质量控制　　D. 事中质量控制

4.【单选题】施工质量控制的依据不包括（　　）。

A.《建设工程质量管理条例》

B. 建筑装饰装修行业的专业技术标准

C. 项目的工程建设合同

D. 项目的工程进度控制计划

5.【单选题】现场质量检查方法不包括（　　）。

A. 目测法

B. 实测法

C. 经验法

D. 试验法

6.【单选题】施工（　　）检查是施工质量验收的基础。

A. 工程方案

B. 工程进度

C. 人员调度

D. 工程质量

7.【单选题】（　　）是施工质量监控的主要手段。

A. 现场质量检查

B. 抽样检查

C. 施工进度控制

D. 施工方案优化

8.【多选题】我国《中华人民共和国建筑法》和《建设工程质量管理条例》规定：建筑施工企业对工程的施工质量负责，建筑施工企业必须按照（　　），对建筑材料、建筑构配件和设备进行检验，不合格的不得使用。

A. 建筑市场的需求

B. 工程设计要求

C. 施工技术标准

D. 监理单位的要求

E. 合同的约定

9.【多选题】现场质量检查的内容包括（　　）。

A. 工序交接检查

B. 开工前的检查

C. 隐蔽工程的检查

D. 开工后的检查

E. 分项、分部工程完成后的检查

【答案】1. √；2. √；3. A；4. D；5. C；6. D；7. A；8. BCE；9. ABCE

考点 22：施工过程质量控制★●

教材点睛　教材 P33 ～ 39

1. 施工准备阶段质量控制

它分为施工技术准备及现场施工准备两个部分。

（1）施工技术准备工作的质量控制

1）施工技术准备工作主要包括：熟悉施工图纸，组织设计交底和图纸审查，工程项目检查验收的项目划分和编号，审核相关质量文件，细化施工技术方案和施工人员、机具的配置方案，编制施工作业技术指导书，绘制各种施工详图，进行必要的技术交底和技术培训。

2）质量控制内容包括：对上述技术准备工作成果的复核审查，是否符合设计图纸和相关技术规范、规程的要求；依据经过审批的质量计划，审查、完善施工质量控制措施；针对质量控制点，明确质量控制的重点对象和控制方法；尽可能地提高本阶段工作成果对施工质量的保证程度等。

教材点睛 教材 P33 ~ 39（续）

（2）现场施工准备工作的质量控制包括：计量控制，测量控制，施工平面图控制，工程质量检查验收的项目划分等。

2. 施工阶段的质量控制

（1）工序施工质量控制主要包括工序施工条件质量控制和工序施工效果质量控制。

1）工序施工条件质量控制

① 控制手段：检查、测试、试验、跟踪监督等。

② 控制依据：设计质量标准、材料质量标准、机械设备技术性能标准、施工工艺标准以及操作规程等。

2）工序施工效果质量控制途径：实测获取数据、统计分析所获取的数据、判断认定质量等级和纠正质量偏差。

（2）施工作业质量的自控

1）施工作业质量自控的程序包括：作业技术交底、作业活动的实施和作业质量的自检自查、互检互查以及专职管理人员的质量检查等。

2）施工工程质量自控的要求：预防为主，重点控制，坚持标准，记录完整。

3）施工质量自控的有效制度：质量自检制度；质量例会制度；质量会诊制度；质量样板制度；质量挂牌制度；每月质量讲评制度等。

（3）施工质量的监控

1）施工质量的监控主体：建设单位、监理单位、设计单位及政府的工程质量监督部门。

2）现场质量检查

① 现场质量检查内容：开工前的检查；工序交接检查；隐蔽工程的检查；停工后复工的检查；分项、分部工程完工后的检查；成品保护的检查。

② 现场质量检查的方法：目测法（看、摸、敲、照）；实测法（靠、量、吊、套）；试验法。

（4）技术核定与见证取样送检

1）技术核定：对于必须通过设计单位明确或确认的设计问题，施工方应以技术核定单的方式向监理工程师提出，报送设计单位核准确认。

2）见证取样送检：见证人员由建设单位及工程监理机构人员担任；检测机构应具备相关资质；见证取样送检必须严格按执行规定的程序进行；检测机构应当建立档案管理制度。检测合同、委托单、原始记录、检测报告应当按年度统一编号，编号应当连续，不得随意抽撤、涂改。

（5）隐蔽工程验收

1）验收单的验收内容应与已完的隐蔽工程实物相一致，验收前通知监理机构，按约定时间进行验收。

2）验收合格的隐蔽工程由各方共同签署验收记录；验收不合格的隐蔽工程，应按验收整改意见进行整改后重新验收。

（6）成品保护：成品形成后可采取防护、覆盖、封闭、包裹等相应措施进行保护。

巩固练习

1.【判断题】如果施工准备工作出错，可能会影响施工进度和作业质量，不会直接导致质量事故的发生。（　　）

2.【判断题】施工测量质量的好坏，直接决定工程的定位和标高是否正确，并且制约施工过程有关工序的质量。（　　）

3.【判断题】施工过程的作业质量控制，是在工程项目质量实际形成过程中的事后质量控制。（　　）

4.【判断题】工序的质量控制是施工阶段质量控制的重点。（　　）

5.【判断题】验收合格的隐蔽工程由监理单位签署验收记录；验收不合格的隐蔽工程，应按验收整改意见进行整改后重新验收。（　　）

6.【单选题】施工技术准备是指在正式开展（　　）前进行的技术准备工作。

A. 质量检测　　B. 施工作业活动

C. 进度检查　　D. 安全检查

7.【单选题】（　　）是施工阶段质量控制的重点。

A. 工序的质量控制　　B. 材料的质量控制

C. 人员的调度　　D. 设备仪器的使用

8.【单选题】工序施工条件控制依据不包括（　　）。

A. 设计质量标准　　B. 材料质量标准

C. 人员的调度　　D. 机械设备技术性能标准

9.【单选题】工序施工条件控制手段包括（　　）。

A. 检测、测试　　B. 分析、测算

C. 归纳总结　　D. 设备仪器的调试

10.【单选题】试验法是指通过必要的试验手段对质量进行判断的检查方法，主要包括（　　）两种。

A. 理化试验和无损检测　　B. 物理实验和质量检测

C. 理化试验和质量检测　　D. 物理实验和无损检测

11.【多选题】工序是（　　）对工程质量综合起作用的过程，所以对施工过程的质量控制，必须以工序作业质量控制为基础和核心。

A. 人、材料　　B. 机械设备、施工方法

C. 施工工艺、人员调度　　D. 社会因素和环境因素

E. 自然因素

12.【多选题】施工作业质量的自控过程是由施工作业组织的成员进行的，其基本的控制程序包括（　　）。

A. 作业技术交底、作业活动的实施

B. 作业质量的自检自查、互检互查

C. 对建筑材料、建筑构配件和设备进行检验

D. 硅酮结构胶相容性检测

E. 专职管理人员的质量检查

13.【多选题】根据实践经验的总结，施工质量自控的有效制度有（　　）。

A. 质量自检制度　　B. 质量例会制度

C. 质量会诊制度　　D. 质量样板制度

E. 质量挂牌制度

【答案】1. ×；2. √；3. ×；4. √；5. ×；6. B；7. A；8. C；9. A；10. A；11. AB；12. ABE；13. ABCDE

考点 23：主要分部分项装饰装修工程成品保护措施【P39～41】

巩固练习

1.【判断题】装饰装修工程施工组织设计应包含成品保护方案，特殊气候环境下应制定专项保护方案。（　　）

2.【判断题】成品保护重要部位应设置明显的保护标识。（　　）

3.【判断题】有粉尘、喷涂作业时，作业空间的成品应做防水保护。（　　）

4.【单选题】在成品区域进行产生高温的施工作业时，应对成品表面采用（　　）措施。

A. 防污染　　B. 隔离防护

C. 防水　　D. 防尘

5.【单选题】下列装饰装修工程保护措施错误的是（　　）。

A. 家具、门窗的开启部分安装完成后应采取限位措施

B. 构件保护膜在去除时，应用手轻撕，切不可用刀铲

C. 在已完工区域搬运重型、大型物品时，搬运路线地面上应铺设满足强度要求的保护层

D. 装修工程已完工的独立空间在清洁后应及早开放

6.【单选题】下列专业工程保护措施错误的是（　　）。

A. 不得踩踏设备和管线施工作业

B. 装修工程施工过程中不得损坏主体结构

C. 在地暖铺管区域地面上进行钻孔

D. 电梯轿厢的立面、顶面采用硬质板材覆盖

7.【单选题】已完施工的成品保护问题和相应措施，在工程施工组织设计与计划阶段就应该在（　　）上进行考虑，防止（　　）不当或交叉作业造成相互干扰、污染和损坏。

A. 施工顺序　施工顺序　　B. 施工质量　施工质量

C. 施工顺序　施工质量　　D. 施工质量　施工顺序

8.【多选题】施工成品形成后可采取（　　）等相应措施进行保护。

A. 防护　　B. 覆盖

C. 封闭　　D. 包裹

E. 保温

【答案】1. √；2. √；3. ×；4. B；5. D；6. C；7. A；8. ABCD

考点 24：设置施工质量控制点的原则和方法

教材点睛 教材 P41 ～ 44

1. 质量控制点的设置原则

（1）对工程质量形成过程产生直接影响的关键部位、工序、环节及隐蔽工程。

（2）施工过程中的薄弱环节，或者质量不稳定的工序、部位或对象。

（3）对下道工序有较大影响的上道工序。

（4）采用新技术、新工艺、新材料的部位或环节。

（5）施工质量无把握的、施工条件困难的或技术难度大的工序或环节。

（6）用户反馈指出的和过去有过返工的不良工序。

2. 质量控制点的重点控制对象

人的行为；材料的质量与性能；施工方法与关键操作；施工技术参数；技术间歇；施工顺序；易发生或常见的质量通病；新技术、新材料、新设备及新工艺的应用；产品质量不稳定和不合格率较高的工序应列为重点，认真分析，严格控制；特殊地基或特种结构。

3. 质量控制点的管理

（1）做好施工质量控制点的事前质量预控工作。

（2）做好施工作业班组的技术质量交底工作。

（3）施工过程中，相关技术管理和质量控制人员要在现场进行重点指导和检查验收。

（4）做好施工质量控制点的动态设置和动态跟踪管理。

（5）对于危险性较大的分部分项工程或特殊施工过程，应由专业技术人员编制专项施工方案或作业指导书，经项目技术负责人审批及监理工程师签字后执行。

（6）超过一定规模的危险性较大的分部分项工程，还要组织专家对专项方案进行论证。

巩固练习

1.【判断题】施工质量控制点的设置是施工质量计划的重要组成内容，施工质量控制点是施工质量控制的重点对象。（ ）

2.【判断题】高空、高温、水下、易燃易爆、重型构件吊装作业应从施工工艺等方面进行控制。（ ）

3.【判断题】动态设置是应用动态控制原理，落实专人负责跟踪和记录控制点质量控制的状态和效果，并及时向企业管理组织的高层管理者反馈质量控制信息，保持施工

质量控制点的受控状态。（　　）

4.【单选题】质量控制点的选择要准确，选择质量控制点的（　　）、重点工序和重点的质量因素作为质量控制点的控制对象。

A. 重点部位　　B. 裂缝处

C. 接口部位　　D. 保温部位

5.【单选题】顶棚工程中对吊杆的控制，吊杆的（　　）及连接方式是保证顶棚质量的关键点。

A. 尺寸、位置　　B. 位置、间距、规格

C. 大小、方向　　D. 抗拉、抗弯性能

6.【单选题】混凝土工程中易发生或常见的质量通病不包括（　　）。

A. 混凝土工程的蜂窝、麻面、空洞　　B. 墙、地面工程的渗水、漏水、空鼓

C. 屋面工程的起砂、裂缝　　D. 混凝土工程中的钢筋腐蚀

7.【单选题】所谓（　　），是指在工程开工前、设计交底和图纸会审时，可确定项目的质量控制点，随着工程的展开、施工条件的变化，随时或定期进行控制点的调整和更新。

A. 动态追踪　　B. 动态监测

C. 动态设置　　D. 动态检查

8.【单选题】凡属“见证点”的施工作业，施工方必须在该项作业开始前（　　）h，书面通知现场监理机构到位旁站，见证施工作业过程。

A. 12　　B. 24

C. 48　　D. 72

9.【单选题】凡属“待检点”的施工作业，施工方必须在完成施工质量自检的基础上，提前（　　）h 通知项目监理机构进行检查验收，然后才能进行工程隐蔽或下道工序的施工。

A. 12　　B. 24

C. 48　　D. 72

10.【单选题】未经（　　）检查验收合格，不得进行工程隐蔽或下道工序的施工。

A. 施工单位　　B. 项目监理机构

C. 设计单位　　D. 质检机构

11.【多选题】质量控制点应选择（　　）的对象进行设置。

A. 技术要求高　　B. 施工工作量大

C. 施工难度大　　D. 对工程质量影响大

E. 发生质量问题时危害大

12.【多选题】质量控制点的重点控制对象包括（　　）。

A. 材料的质量与性能　　B. 施工方法与关键操作

C. 易发生或常见的质量通病　　D. 新技术、新材料及新工艺的应用

E. 产品质量不稳定和不合格率较高的工序应列为重点

13.【多选题】设定质量控制点，质量控制的目标及工作重点是（　　）。

A. 要做好施工质量控制点的事前质量预控工作

B. 产品质量不稳定和不合格率较高的工序应列为重点

C. 要做好施工质量控制点的动态设置和动态跟踪管理

D. 对施工现场存在的重大安全隐患未向建设主管部门报告

E. 向施工作业班组进行交底，使控制点的作业人员明白质量检验评定标准

14.【多选题】要做好施工质量控制点的事前质量预控工作，包括（　　）。

A. 施工单位使用合格的建筑材料、建筑构配件和设备

B. 明确质量控制的目标与控制参数

C. 编制作业指导书和质量控制措施

D. 确定质量检查检验方式及抽样的数量与方法

E. 明确检查结果的判断标准及质量记录与信息反馈要求

【答案】1. √；2. ×；3. ×；4. A；5. B；6. D；7. C；8. C；9. C；10. B；11. ACDE；12. ABCDE；13. ACE；14. BCDE

考点 25：主要分部分项装饰装修施工质量控制点设置【P44～49】●

巩固练习

1.【判断题】室内防水工程的施工质量控制点中，浴室墙面的防水层不得低于2000mm。（　　）

2.【判断题】玻纤布的接槎应顺流水方向搭接，搭接宽度应不小于100mm，两层以上玻纤布的防水施工，上、下搭接应错开幅宽的1/2。（　　）

3.【判断题】门窗工程的质量控制点中，安装人员必须按照工艺要点施工，安装前先弹线找规矩，做好准备工作后，全面安装。（　　）

4.【判断题】铰链位置距门窗上下端宜取立梃高度的1/10；安装铰链时，必须按画好的铰链位置线开凿铰链槽，槽深应比铰链厚度大1～2mm。（　　）

5.【判断题】后置埋件应作现场拉拔试验，必须按要求作刷防锈漆处理。（　　）

6.【单选题】厕浴间的基层（找平层）可采用（　　）水泥砂浆找平，厚度（　　）mm 抹平压光、坚实平整，不起砂，要求基本干燥。

A. 1∶3；15　　B. 1∶2.5；20

C. 1∶3；20　　D. 1∶2.5；15

7.【单选题】在墙面和地面相交的（　　）处，出地面管道根部和地漏周围，应先做（　　）附加层。

A. 阴角；防火　　B. 阳角；防水

C. 阳角；防火　　D. 阴角；防水

8.【单选题】要采用（　　）等级的水泥，防止颜色不均；接槎应避免在块中，应甩在分格条外。

A. 同品种、同强度　　B. 同品种、不同强度

C. 不同品种、同强度　　D. 不同品种、不同强度

9.【单选题】抹灰工程的施工控制点不包括（　　）。

A. 空鼓、开裂和烂根

B. 铰链、螺钉、铰链槽

C. 抹灰面平整度，阴阳角垂直、方正度

D. 踢脚板和水泥墙裙等上口出墙厚度控制

10.【单选题】砌筑时上下左右拉线找规矩，一般门窗框上皮应低于门窗过梁（　　）mm，窗框下皮应比窗台上皮高（　　）mm。

A. 5～10；5　　B. 10～15；5

C. 5～10；10　　D. 10～15；10

11.【单选题】门窗工程的施工控制点不包括（　　）。

A. 门窗洞口预留尺寸

B. 铰链、螺钉、铰链槽

C. 抹灰面平整度，阴阳角垂直、方正度

D. 上下层门窗顺直度，左右门窗安装标高

12.【多选题】室内防水工程的施工质量控制点有（　　）。

A. 基层应清理干净，抹灰前要浇水湿润，注意砂浆配合比，使底层砂浆与楼板粘结牢固

B. 厕浴间的找平层可采用1：3水泥砂浆，厚度20mm抹平压光、坚实平整，不起砂，基本干燥

C. 浴室墙面的防水层不得低于1800mm

D. 玻纤布的接槎应顺流水方向搭接，搭接宽度应不小于200mm，两层以上上、下搭接错开幅宽的二分之一

E. 在墙面和地面相交的阴角处，出地面管道根部和地漏周围，应先做防水附加层

13.【多选题】抹灰工程的施工控制点包括（　　）。

A. 空鼓、开裂和烂根　　B. 铰链、螺钉、铰链槽

C. 抹灰平整度，阴阳角垂直、方正度　　D. 踢脚板和水泥墙裙等上口出墙厚度控制

E. 接槎，颜色

14.【多选题】门窗工程的施工控制点包括（　　）。

A. 门窗洞口预留尺寸　　B. 铰链、螺钉、铰链槽

C. 抹灰平整度，阴阳角垂直、方正度　　D. 上下层门窗顺直度，左右门窗安装标高

E. 石材挑选，色差，返碱，水渍

15.【多选题】饰面板（砖）工程的施工质量控制点包括（　　）。

A. 石材挑选，色差，返碱，水渍　　B. 骨架安装或骨架防锈处理

C. 石材色差，加工尺寸偏差，板厚度　　D. 石材安装高低差、平整度

E. 石材运输、安装过程中磕碰

16.【多选题】下列属于地面石材控制工程的施工控制点的是（　　）。

A. 基层处理

B. 石材色差，加工尺寸偏差

C. 石材铺装空鼓，裂缝，板块之间高低差

D. 骨架安装高低差、平整度

E. 平整度、缺棱掉角，板块之间缝隙不直或出现大小头

【答案】1. ×；2. √；3. ×；4. √；5. √；6. A；7. D；8. A；9. B；10. B；11. C；12. BCE；13. ACDE；14. ABD；15. ABDE；16. ABCE

第五章　装饰装修施工试验的内容、方法和判定标准

考点 26：装饰装修施工试验的内容、方法和判定标准★

教材点睛　教材 P50 ～ 55

1. 分部分项工程施工主要试验检验项目

（1）外墙饰面砖粘结强度检验

（2）饰面板后置埋件现场拉拔检验

（3）建筑外门窗气密性、水密性、抗风压性能现场检测

（4）水泥、混凝土和水泥砂浆强度检测

（5）有防水要求地面蓄水试验、泼水试验

（6）幕墙工程施工试验：建筑幕墙物理性能检测；硅酮结构密封胶的剥离试验；双组分硅酮结构密封胶的混匀性试验（又称“蝴蝶试验”）；双组分硅酮结构密封胶的拉断试验（又称“胶杯”试验）；淋水试验；后置埋件拉拔试验。

2. 分部分项工程施工试验检验方法和判定标准【P50～55】

巩固练习

1.【判断题】现场粘贴的外墙饰面砖工程完工后，应对饰面砖抗压强度进行检验。（　　）

2.【判断题】现场粘贴的同类饰面砖，每组可有一个试样的粘结强度小于 0.4MPa，但不应小于 0.3MPa。（　　）

3.【判断题】混凝土结构后锚固工程质量应进行抗拔承载力的现场检验。（　　）

4.【判断题】石材铺装好后加强保护，严禁随意踩踏，铺装时应用圆规检查。（　　）

5.【判断题】硅酮结构密封胶剥离试验合格的判定是破坏必须是胶体本身的破坏，而不是粘接面的破坏。（　　）

6.【判断题】蝴蝶试验是用于检查双组分硅酮结构密封胶基胶与固化剂的配合比。（　　）

7.【单选题】（　　）应从粘贴外墙饰面砖的施工人员中随机抽选一人，在每种类型的基层上应各粘贴至少 $1m^2$ 饰面砖样板件，每种类型的样板件应各制取一组 3 个饰面砖粘结强度试样。

A. 监理单位　　B. 施工单位

C. 设计单位　　D. 甲方

8.【单选题】现场粘贴饰面砖粘结强度检验应以每 $1000m^2$ 同类墙体饰面砖为一个（　　），不足 $1000m^2$ 应按 $1000m^2$ 计。

A. 单位　　B. 施工组

C. 检验批　　D. 分部工程

9.【单选题】混凝土结构后锚固工程质量应进行（　　）的现场检验。

A. 抗压性能　　B. 抗拉性能

C. 抗扭性能　　D. 抗拔承载力

10.【单选题】锚栓抗拔承载力现场检验，对于一般结构构件及非结构构件，可采用非破坏性检验；对于重要结构构件及生命线工程非结构构件，应采用（　　）检验。

A. 破坏性　　B. 半破坏性

C. 非破坏性　　D. 局部破坏性

11.【单选题】饰面板后置埋件的现场拉拔强度，试件选取中，同规格、同型号、（　　）部位的锚栓组成一个检验批。抽取数量按每批锚栓总数的1‰计算，且不少于3根。

A. 相同　　B. 基本相同

C. 不同　　D. 完全不同

12.【单选题】建筑外门窗物理性能现场检测，相同类型、结构及规格尺寸的试件，应至少检测（　　）。

A. 一樘　　B. 二樘

C. 三樘　　D. 四樘

13.【单选题】检验同一施工批次、同一配合比水泥混凝土和水泥砂浆强度的试块，应按（　　）建筑地面工程不少于1组。

A. 每间　　B. 每一层

C. 每施工段　　D. 单位工程

14.【多选题】建筑外门窗的三性检测项目是指（　　）性能。

A. 抗变形　　B. 气密

C. 水密　　D. 抗风压

E. 抗冲击

15.【多选题】建筑幕墙的“三性试验”是指（　　）性能。

A. 抗风压变形　　B. 水密

C. 气密　　D. 隔声

E. 保温

16.【多选题】建筑幕墙工程（　　）必须委托有资质的检测单位检测，由该单位提出检测报告；其他检测试验都应由施工单位负责进行试验，监理（建设）单位进行监督和抽查。

A. 蝴蝶试验　　B. 胶杯试验

C. 剥离试验　　D. 主要物理性能检测

E. 后置埋件拉拔试验

【答案】1. ×；2. √；3. √；4. ×；5. √；6. ×；7. A；8. C；9. D；10. A；11. B；12. C；13. B；14. BCD；15. ABC；16. DE

第六章　装饰装修工程质量问题的分析、预防及处理方法

考点 27：施工质量问题的分类与识别

教材点睛　教材 P56 ~ 57

1. 建设工程质量问题通常分为工程质量缺陷、工程质量通病和工程质量事故三类。

2. 工程质量事故

（1）工程质量事故的分类

1）特别重大事故：死亡≥ 30 人，或重伤≥ 100 人，或直接经济损失≥ 1 亿元的事故；

2）重大事故：10 人≤死亡＜ 30 人，或 50 人≤重伤＜ 100 人，或 5000 万元≤直接经济损失＜ 1 亿元的事故；

3）较大事故：3 人≤死亡＜ 10 人，或 10 人≤重伤＜ 50 人，或 1000 万元≤直接经济损失＜ 5000 万元的事故；

4）一般事故：死亡＜ 3 人，或重伤＜ 10 人，或 100 万元≤直接经济损失＜ 1000 万元的事故。

（2）工程质量事故常见的成因

① 违背建设程序；⑤ 施工与管理不到位；

② 违反法规行为；⑥ 使用不合格的原材料、制品及设备；

③ 地质勘察失误；⑦ 自然环境因素；

④ 设计差错；　　⑧ 使用不当。

考点 28：装饰装修过程中常见的质量问题（通病）

教材点睛　教材 P57

1. 建筑装饰装修工程常见的施工质量缺陷有：空、裂、渗、观感效果差等。

2. 装饰装修工程各分部（子分部）、分项工程施工质量缺陷详见表 6-1。**【P57】**

巩固练习

1.【判断题】工程质量通病是指各类影响工程结构、使用功能和外形观感的常见性质量损伤。　（　　）

2.【判断题】特别重大事故，是指造成 30 人以上死亡，或者 100 人以上重伤，或者 1 亿元以上直接经济损失的事故。（ ）

3.【判断题】地面工程的质量通病为，水泥地面起砂、空鼓、泛水、渗漏等。（ ）

4.【判断题】工程验收的最小单位是分项工程。（ ）

5.【单选题】建设工程质量问题通常分为工程质量缺陷、（ ）和工程质量事故三类。

A. 工程质量灾害　　B. 工程质量欠缺

C. 工程质量通病　　D. 工程质量延误

6.【单选题】（ ）是指建筑工程施工质量中不符合规定要求的检验项或检验点，按其程度可分为严重缺陷和一般缺陷。

A. 工程质量缺陷　　B. 工程质量通病

C. 工程质量事故　　D. 工程质量延误

7.【单选题】（ ），是指造成 10 人以上 30 人以下死亡，或者 50 人以上 100 人以下重伤，或者 5000 万元以上 1 亿元以下直接经济损失的事故。

A. 特别重大事故　　B. 重大事故

C. 较大事故　　D. 一般事故

8.【单选题】下列关于建筑装饰装修工程施工质量问题产生的主要原因，说法错误的是（ ）。

A. 企业缺乏施工技术标准和施工工艺规程

B. 施工人员素质参差不齐，缺乏基本理论知识和实践知识，不了解施工验收规范

C. 施工过程控制不到位，未做到施工按工艺、操作按规程、检查按规范标准，对分项工程施工质量检验批的检查评定流于形式，缺乏实测实量

D. 违背客观规律，盲目增长工期和提高成本

9.【多选题】工程质量事故的分类为（ ）。

A. 特别重大事故　　B. 重大事故

C. 较大事故　　D. 一般事故

E. 普通事故

10.【多选题】工程质量事故常见的成因包括（ ）。

A. 违背建设程序　　B. 地质勘察失误

C. 设计差错　　D. 使用不合格的原材料、制品及设备

E. 自然环境因素

【答案】1. √；2. √；3. √；4. ×；5. C；6. A；7. B；8. D；9. ABCD；10. ABCD

考点 29：形成质量问题的原因分析

教材点睛 教材 P57 ~ 58

1. 影响施工质量的五大要素：人、机械、材料、施工方法、环境条件（4M1E）。

2. 分析方法有：排列图、因果图、调查表、分层法、直方图、控制图、散布图、关系图法等。

3. 建筑装饰装修工程施工质量问题的主要原因

（1）企业缺乏施工技术标准和施工工艺规程。

（2）施工人员素质参差不齐，缺乏基本理论知识和实践知识。质量控制关键岗位人员缺位。

（3）施工过程控制不到位，未做到施工按工艺、操作按规程、检查按规范标准；分项工程施工质量检验批的检查评定流于形式，缺乏实测实量。

（4）工业化程度低。

（5）违背客观规律，盲目缩短工期和抢工期，盲目降低成本等。

考点 30：质量事故处理程序与方法

教材点睛 教材 P58 ~ 59

1. 质量事故的处理程序

防止事故进一步扩大→停止事故相关工序或操作→事故调查→事故原因分析→制定事故处理方案→实施处理方案→提交事故处理报告。

2. 质量事故处理的基本方法

（1）返修处理：通过修补或更换器具、设备后可以达到要求的标准，又不影响使用功能和外观要求。

（2）加固处理：经过适当的加固补强、修复缺陷，自检合格后重新进行检查验收。

（3）返工处理：工程质量存在严重质量问题，对结构的使用和安全构成重大影响，且又无法通过修补处理的情况下，可对检验批、分项或分部，甚至整个工程进行返工处理。

（4）降级处理：若返工处理损失严重，在不影响使用功能的前提下，可经承发包双方协商验收。

（5）不做处理：经过分析、论证、法定检测单位鉴定和设计等有关单位认可，对工程或结构使用及安全影响不大，也可不做专门处理。

巩固练习

1.【单选题】影响施工质量的要素不包括（　　）。

A. 施工方法　　B. 环境条件
C. 材料　　D. 规范标准

2. 【单选题】施工质量缺陷原因分析方法不包括（　　）。
A. 因果图　　B. 排列图
C. 均方差法　　D. 调查表

3. 【单选题】建筑装饰装修工程施工质量问题产生的原因不包括（　　）。
A. 施工过程控制不到位，未做到施工按工艺、操作按规程、检查按规范标准
B. 施工人员素质参差不齐，缺乏基本理论知识和实践知识，不了解施工验收规范
C. 企业缺乏施工技术标准和施工工艺规程
D. 施工人员施工经验丰富

4. 【多选题】影响施工质量的因素包括（　　）。
A. 人、机械　　B. 设计图纸
C. 机械、材料　　D. 施工方法
E. 环境条件

5. 【多选题】运用（　　）等统计方法进行分析，确定建筑装饰装修工程施工质量问题产生的原因。
A. 因果图、调查表　　B. 分层法、直方图
C. 调查表、分层法　　D. 控制图、散布图
E. 抽样调查表

6. 【多选题】建筑装饰装修工程施工质量问题产生的主要原因有（　　）。
A. 企业缺乏施工技术标准和施工工艺规程
B. 施工人员素质参差不齐，缺乏基本理论知识和实践知识，不了解施工验收规范
C. 施工过程控制不到位，未做到施工按工艺、操作按规程、检查按规范标准
D. 违背客观规律，盲目增长工期和提高成本
E. 工业化程度高

【答案】1. D；2. C；3. D；4. ACDE；5. ABCD；6. ABC

考点 31：室内防水工程的质量缺陷及分析处理【P59～61】

巩固练习

1. 【单选题】下列不属于室内主要防水部位的是（　　）。
A. 厕所　　B. 浴室
C. 厨房　　D. 楼梯间

2. 【单选题】下列不属于室内防水工程的质量缺陷的是（　　）。
A. 地面板材安装不牢固　　B. 地漏周围渗漏
C. 墙身返潮和地面渗漏　　D. 地面汇水倒坡

3. 【单选题】墙身返潮和地面渗漏的防治措施错误的是（　　）。

A. 墙面上设有热水器时，其防水高度为1800mm；淋浴处墙面防水高度不应大于1500mm
B. 墙体根部与地面的转角处找平层应做成钝角
C. 地漏、洞口、预埋件周边必须设有防渗漏的附加层防水措施
D. 防水层施工时，应保持基层干净、干燥，确保涂膜防水与基层粘结牢固
4.【单选题】地漏周边渗漏防治措施不包括（　　）。
A. 墙体根部与地面的转角处找平层应做成钝角
B. 安装地漏时应严格控制标高，不可超高
C. 要以地漏为中心，向四周辐射找好坡度，坡向要准确，确保地面排水迅速、畅通
D. 安装地漏时，按设计及施工规范进行施工，节点防水处理得当
5.【多选题】立管四周渗漏的防治措施包括（　　）。
A. 墙面上设有热水器时，其防水高度为1500mm；淋浴处墙面防水高度不应大于1800mm
B. 墙体根部与地面的转角处找平层应做成钝角
C. 穿楼板的立管应按规定预埋套管
D. 立管与套管之间的环隙应用密封材料填塞密实
E. 套管高度应比设计地面高出20mm以上；套管周边做同高度的细石混凝土防水保护墩

【答案】1. D；2. A；3. A；4. A；5. CDE

考点32：抹灰工程常见的质量缺陷及分析处理【P61～64】

巩固练习

1.【判断题】抹面层时要注意接槎部位操作，避免发生高低不平、色泽不一致等现象；接槎位置应留在分格条处或阴阳角、水落管等处；阴角抹灰应用反贴八字尺的方法操作。（　　）

2.【单选题】抹灰空鼓、裂缝产生的原因不包括（　　）。
A. 基层处理不好，清扫不干净，墙面浇水不透或不匀，影响该层砂浆与基层的粘结性能
B. 一次抹灰太厚或各层抹灰层间隔时间太短收缩不匀，或表面撒水泥粉
C. 夏季施工砂浆失水过快或抹灰后没有适当浇水养护以及冬期施工受冻
D. 墙体根部与地面的转角处找平层应做成钝角
3.【单选题】下列关于抹灰空鼓、裂缝防治措施的叙述错误的是（　　）。
A. 抹灰前，应将基层表面清扫干净，脚手眼等孔洞填堵严实
B. 混凝土墙表面凸出较大的地方应事先剔平刷净
C. 蜂窝、凹洼、缺棱掉角处，应先刷一道108胶：水为1：4的胶水溶液，再用1：3水泥砂浆分层填补

D. 加气混凝土墙面缺棱掉角和板缝处，宜先刷掺水泥重量 10% 的 108 胶的素水泥浆一道，再用 1∶1∶1 混合砂浆修补抹平

4.【单选题】墙体与门窗框交接处抹灰层空鼓、裂缝脱落的原因分析错误的是（　　）。

A. 基层处理不当

B. 操作不当，预埋木砖（件）位置不当，数量不足

C. 砂浆品种选择不当

D. 底子灰过分干燥

5.【多选题】干粘石饰面空鼓的原因包括（　　）。

A. 砖墙面灰尘太多或粘在墙面上的灰浆、泥浆等污物未清理干净

B. 混凝土基层表面太光滑或残留的隔离剂未清理干净，混凝土基层表面有空鼓、硬皮等未处理

C. 加气混凝土基层表面粉尘细灰清理不干净，抹灰砂浆强度过高而加气混凝土强度较低，二者收缩不一致

D. 施工前基层不浇水或浇水不适当

E. 冬期施工时抹灰层受冻

【答案】1. ×；2. D；3. D；4. D；5. ABCDE

考点 33：门窗工程安装中的质量缺陷及分析处理【P64～65】

巩固练习

1.【判断题】铝合金、塑料门窗玻璃放偏或放斜原因是铝合金和塑料门窗槽口宽度较宽；槽口内杂物未清除净；安装玻璃时一头靠里一头放斜，未认真操作。（　　）

2.【单选题】下列不属于门窗工程的质量通病的是（　　）。

A. 安装不牢固、开关不灵活

B. 金属吊杆、龙骨的接缝不均匀，角缝不吻合

C. 扇的橡胶密封条或毛毯密封条托槽

D. 划痕、碰伤、漆膜或保护层不连续

3.【单选题】木门窗玻璃装完后松动或不平整的原因分析错误的是（　　）。

A. 裁口内的胶渍、灰砂颗粒、木屑渣等未清除干净

B. 未铺垫底油灰，或底油灰厚薄不均、漏铺；或铺底油灰后，未及时安装玻璃，底油灰已结硬失去作用

C. 玻璃裁制的尺寸偏大，影响钉子（或卡子）钉牢

D. 钉子钉入数量不足或钉子没有贴紧玻璃，出现浮钉，不起作用

4.【单选题】铝合金、塑料门窗玻璃放偏或放斜的防治措施错误的是（　　）。

A. 安放玻璃前，应清除槽口内的灰浆等杂物，特别是排水孔，不得阻塞

B. 安放玻璃时，认真对中、对正，首先保证一侧间隙不大于 2mm

C. 玻璃应随安随固定，以免校正后移位和不安全

D. 加强技术培训和质量管理

5.【多选题】木门窗玻璃装完后松动或不平整的防治措施包括（　　）。

A. 必须将裁口上的一切杂物事先清扫干净

B. 裁口内铺垫的底油灰厚薄应均匀一致，不得漏铺

C. 玻璃尺寸按设计裁割，且保证玻璃每边镶入裁口应不少于裁口的 3/4

D. 保证钉子数量每边不少于 1 颗；但边长若超过 40cm，至少钉 2 颗，间距不得大于 20cm

E. 当出现安装好的玻璃有不平整、不牢固，程度轻微时，可以挤入底油灰，达到不松动即可

【答案】1. √；2. B；3. C；4. B；5. ABCDE

考点 34：顶棚工程中常见的质量缺陷及分析处理【P65～66】

巩固练习

1.【单选题】下列关于顶棚工程质量通病说法正确的是（　　）。

A. 吊杆、龙骨和饰面材料安装牢固

B. 木质吊杆、龙骨不顺直、劈裂、变形

C. 顶棚内填充的吸声材料无防散落措施

D. 饰面材料表面干净、色泽不一致

2.【单选题】木格栅拱度不均的原因不包括（　　）。

A. 材质不好，不顺直，施工中又难于调直；木材含水率过大，在施工中或交工后产生收缩翘曲变形

B. 当出现安装好的玻璃有不平整、不牢固，程度轻微时，可以挤入底油灰，达到不松动即可

C. 不按规程操作，施工中顶棚格栅四周墙面上不弹平线或平线不准，中间不按平线起拱，造成拱度不匀

D. 受力节点结合不严，受力后产生位移变形

3.【单选题】铝合金龙骨不顺直的防治措施错误的是（　　）。

A. 凡是受扭折的主龙骨、次龙骨一律不宜采用

B. 挂铅线的钉位，应按龙骨的走向每间距 1.2m 射两枚钢钉

C. 一定要拉通线，逐条调整龙骨的高低位置和线条平直

D. 四周墙面的水平线应测量正确，中间接平线起拱度 1/300～1/200

4.【单选题】下列不属于纤维板或胶合板顶棚面层变形原因的是（　　）。

A. 纤维板或胶合板，吸收空气中的水分，吸湿程度差异大，故易产生凹凸变形

B. 板块较大，装钉时没能使板块与顶棚格栅全部贴紧

C. 加强技术培训和质量管理

D. 顶棚格栅分格过大，板块易产生挠度变形

5.【多选题】下列属于顶棚工程质量通病的是（　　）。

A. 吊杆、龙骨和饰面材料安装不牢固

B. 金属吊杆、龙骨的接缝均匀，角缝不吻合，表面不平整、翘曲、有锤印

C. 顶棚内填充的吸声材料无防散落措施

D. 饰面材料表面干净、色泽不一致、有翘曲、裂纹及缺损

E. 护栏安装不牢固、护栏和扶手转角弧度不顺

【答案】1. C；2. B；3. B；4. C；5. AC

考点 35：饰面板（砖）工程中的质量缺陷及分析处理【P67～68】●

巩固练习

1.【判断题】大理石用作室外墙、柱饰面，不宜在工业区附近的建筑物上采用，个别工程需用作外墙面时，应事先进行品种选择，选挑品质纯、杂质少、耐风化及耐腐蚀的大理石。（　　）

2.【单选题】下列不属于陶瓷砖饰面不平整、分格缝不均、砖缝不平直原因的是（　　）。

A. 陶瓷锦砖粘贴时，粘结层砂浆厚度小（3～4mm），对基层处理和抹灰质量要求均很严格

B. 抹底子灰时，各部位挂线找规矩不够，造成尺寸不准，引起分格缝不均匀

C. 陶瓷锦砖粘贴揭纸后，没有及时对砖缝进行检查和认真拨正调直

D. 砂浆配合比不准，稠度控制不好，砂子中含泥量过大

3.【单选题】大理石墙、柱面饰面接缝不平、板面纹理不顺、色泽不匀的原因分析错误的是（　　）。

A. 基层处理不符合质量要求

B. 对板材质量的检验不严格

C. 镶贴前试拼不认真

D. 施工操作不当，分次灌浆高度过低

【答案】1. ×；2. D；3. D

考点 36：涂饰工程中常见的质量缺陷及分析处理【P68～70】

巩固练习

1.【单选题】下列不属于涂饰工程的质量通病的是（　　）。

A. 泛碱、咬色

B. 流坠、疙瘩

C. 空鼓、脱层

D. 透底、起皮

2.【单选题】下列关于预防外墙涂料饰面起鼓、起皮、脱落的措施，错误的是（　　）。

A. 涂刷底釉涂料前，对基层缺陷进行修补平整；刷除表面油污、浮灰

B. 检查基层是否干燥，含水率应小于 9%
C. 外墙过干，施涂前可稍加湿润，然后涂抗碱底漆或封闭底漆
D. 当基层表面太光滑时，要适当敲毛，出现小孔、麻点可用 108 胶水配滑石粉作腻子刮平

3.【单选题】下列不属于内墙和顶棚涂料涂层颜色不均匀原因的是（　　）。
A. 不是同批涂料，颜料掺量有差异
B. 使用涂料时未搅拌匀或任意加水，使涂料本身颜色深浅不同，造成墙面颜色不均匀
C. 基层材料差异，混凝土或砂浆龄期相差悬殊，湿度、碱度有明显差异
D. 喷嘴距基层距离、角度变化及喷涂快慢不匀

【答案】1. C；2. B；3. D

考点 37：裱糊与软包工程中的质量缺陷及分析处理【P70～73】●

巩固练习

1.【判断题】相邻壁纸间的连接缝隙超过允许范围称为亏纸；壁纸的上口与挂镜线，下口与踢脚线连接不严，显露基面称为离缝。（　　）

2.【判断题】裱糊壁纸时，赶压不得当，往返挤压胶液次数过多，容易形成空鼓。（　　）

3.【单选题】裱糊前壁纸要先“焖水”，使其受糊后横向伸胀，一般 800mm 宽的壁纸闷水后约胀出（　　）。
A. 20mm　　B. 10mm
C. 30mm　　D. 40mm

4.【单选题】壁纸翘边的防治措施错误的是（　　）。
A. 基层表面的灰尘、油污等必须清除干净
B. 根据不同施工环境温度，基层表面及壁纸品种，选择不同的胶粘剂
C. 基层含水率不得超过 12%
D. 严禁在明角处甩缝，壁纸裹过阳角应不小于 20mm

【答案】1. ×；2. √；3. B；4. C

考点 38：细部工程中的质量缺陷及分析处理【P73～74】

巩固练习

1.【判断题】窗帘盒两端伸出的长度不一致，主要是窗中心与窗帘盒中心相对不准。（　　）

2.【判断题】窗帘轨道脱落多数由于盖板太厚或螺栓太紧造成。（　　）

3.【单选题】下列属于壁柜、吊柜质量缺陷的是（　　）。

A. 开关未断相线，插座的相线、零线及地线压接混乱

B. 合页不平，螺栓松动

C. 开关、插座的面板不平整，与建筑物表面之间有缝隙

D. 同一房间的开关、插座的安装高度差超出允许偏差范围

4.【单选题】下列属于开关、插座安装质量缺陷的是（　　）。

A. 合页槽深浅不一，安装时螺栓打入太长

B. 抹灰面与框不平，造成贴脸板、压缝条不平

C. 多灯房间开关与控制灯具顺序不对应

D. 柜框与洞口尺寸误差过大

【答案】1. √；2. ×；3. B；4. C

考点 39：轻质隔墙工程中的质量缺陷及分析处理【P74～75】

巩固练习

1.【判断题】纸面石膏板隔墙板面接缝有痕迹是轻质隔墙的质量缺陷。（　　）

2.【判断题】加气混凝土条板隔墙表面不平整原因是板材缺棱掉角，接缝有错台。（　　）

3.【单选题】石膏板隔墙墙板与结构连接不牢的防治措施正确的是（　　）。

A. 边龙骨应随机选用

B. 边龙骨翼缘边部顶端应满涂结构胶水泥砂浆

C. 选用大截面横撑龙骨

D. 边龙骨粘木块时，应控制其厚度要超过龙骨翼缘

4.【单选题】木板条隔墙与结构或门架固定不牢的防治措施错误的是（　　）。

A. 立筋最大间距不得超过 800mm

B. 上下槛要与主体结构连接牢固

C. 正确按施工顺序安装

D. 门口等处应按实际补强，采用加大用料断面

【答案】1. √；2. √；3. B；4. A

考点 40：地面工程中的质量缺陷及分析处理【P75～79】●

巩固练习

1.【判断题】石材铺装好后加强保护，严禁随意踩踏，铺装时，应用圆规检查。（　　）

2.【单选题】水泥砂浆地面起砂的防治措施中，也可以用纯水泥浆罩面的方法进行修补，其操作顺序是（　　）。

A. 清理基层→充分冲洗湿润→铺设纯水泥浆（或撒干水泥面）1～2m→压光2～3遍→养护

B. 清理基层→充分冲洗湿润→铺设纯水泥浆（或撒干水泥面）1～2m→压光1～2遍→养护

C. 清理基层→充分冲洗湿润→压光2～3遍→铺设纯水泥浆（或撒干水泥面）1～2m→养护

D. 清理基层→铺设纯水泥浆（或撒干水泥面）1～2m→压光2～3遍→养护

3.【单选题】预制水磨石、大理石地面空鼓的原因分析错误的是（　　）。

A. 基层清理不干净或浇水过多，造成垫层和基层脱离

B. 垫层砂浆太稀或一次铺得太厚，收缩太大，易造成板与垫层空鼓

C. 板背面浮灰未清刷净，没浇水，影响粘结

D. 铺板时操作不当，锤击不当

【答案】1. ×；2. A；3. A

第七章　编制施工项目质量计划

考点41：编制施工项目质量计划★

教材点睛　教材P80～82

1. 施工项目质量计划内容【P80】

2. 施工项目质量计划编写内容

（1）总体目标内容包括质量目标、工期目标、环境目标、职业健康安全目标等。

（2）项目组织机构与职责：明确项目组织机构，以项目经理为工程质量管理核心，分解各级管理人员的质量管理职责。

（3）施工工艺技术方案及施工组织设计：规定施工组织设计或专项项目质量计划的编制要点及接口关系；规定重要施工过程技术交底的质量策划要求；规定新技术、新材料、新结构、新设备的策划要求；规定重要过程验收的准则或者技艺判定方法。

（4）材料设备采购、运输和保管、试验：制定施工材料、设备的采购方式及选择供应商的条件；进场材料及设备的检查、检验、验证等方法；不合格的处理办法；材料、构件、设备的运输、装卸、存收的控制方案；有可追溯性的要求时，要明确其记录、标识的主要方法等。

（5）工程质量检验、验收、记录

1）对施工项目中有可追溯性要求的分部分项工程，应做出可追溯性的范围、程序、标识、所需记录及如何控制和分发记录等内容作出规定。

2）对标高控制点、编号、安全标志、标牌等是施工项目的重要标识，及其控制措施和记录做出规定。

（6）产品保护与交付

1）施工项目实施过程所形成的分部、分项、单位工程的半成品、成品保护方案、措施、交接方式等内容的规定；

2）工程中间交付、竣工交付过程的收尾、维护、验收、后续工作处理的方案、措施、方法的规定等。

3. 考点应用【P81～82】

巩固练习

1.【判断题】施工项目质量计划应体现施工项目从分项、分部到单位工程的系统控制过程，同时也要体现从资源投入到完成工程质量最终检验和试验的全过程控制。（　　）

2.【判断题】施工工长、测量员、实验员、计量员在项目经理的直接指导下，负责所管部位和分项施工全过程的质量。（ ）

3.【单选题】施工项目的质量计划要对隐蔽工程、分部分项工程的验收可追溯性作出规定的内容不包括（ ）。

A. 程序　　B. 范围

C. 标识　　D. 人员

4.【单选题】施工项目质量计划对材料设备采购、运输和保管、试验等的要求不包括（ ）。

A. 材料设备供方产品标准及质量管理体系的要求

B. 材料设备出厂检验的规定

C. 材料、构件、设备的运输、装卸、存收的控制方案、措施的规定

D. 不合格的处理办法

5.【多选题】施工项目质量计划中要规定的内容不包括（ ）。

A. 施工组织设计或专项项目质量计划的编制要点及接口关系

B. 重要施工过程技术交底的质量策划要求

C. 新技术、新材料、新结构、新设备的策划要求

D. 重要过程验收的准则或者技艺判定方法

E. 应进行论证的危险性较大的分项工程

6.【多选题】施工项目质量总体目标应包括（ ）等。

A. 质量目标　　B. 工期目标

C. 环境目标　　D. 效益目标

E. 职业健康安全目标

【答案】1. √；2. ×；3. D；4. B；5. ABCD；6. ABCE

第八章　评价装饰装修工程主要材料的质量

考点 42：评价装饰装修工程主要材料的质量●

教材点睛　教材 P83 ～ 86

1. 质量证明文件

（1）质量证明文件包括：产品合格证、质量合格证、检验报告、试验报告、生产许可证和质量保证书等。

（2）质量证明文件应反映工程材料的品种、规格、数量、性能指标等，并与实际进场材料相符。

（3）质量证明文件的复印件应与原件内容一致，加盖原件存放单位公章，注明原件存放处，并有经办人签字和时间。

（4）凡使用的新材料、新产品，应有由具备鉴定资格的单位或部门出具的鉴定证书，及产品质量标准和试验要求，并提供安装、维修、使用和工艺标准等相关技术文件。

（5）进口材料和设备等应有商检证明［国家认证委员会公布的强制性认证（CCC）产品除外］、中文版的质量证明文件、性能检测报告以及中文版的安装、维修、使用、试验要求等技术文件。

2. 外观质量

检查材料外观质量是否满足设计要求或规范规定，实际进场材料数量、规格和型号等是否满足设计和施工计划要求。

3. 复验报告

按规定应进场复试的工程材料，必须在进场检查验收合格后取样复试，主要材料的取样和试验项目应符合要求，见证取样按规定的要求执行。

4. 考点应用【P84～86】

巩固练习

1.【判断题】质量证明文件应反映工程材料的品种、规格、数量、性能指标等，并与实际进场材料相符。（　　）

2.【判断题】天然花岗岩无论用在室内还是室外，均需对其放射性进行复验。

（　　）

3.【判断题】外墙陶瓷面砖的吸水率进场时应进行复验。（　　）

4.【单选题】水泥进场时，不需要进行复验的项目是（　　）。

A. 凝结时间　　B. 安定性

C. 细度　　D. 抗压强度

5. 【单选题】进口材料和设备除具有（　　）认证标志的产品外，都应有商检证明。

A. ISO 14000　　B. 产品合格证

C. ISO 9000　　D. CCC

6. 【单选题】工程项目使用的新材料、新产品做法错误的是（　　）。

A. 只有广告宣传单

B. 有具备鉴定资格的单位或部门出具的鉴定证书

C. 有产品质量标准和试验要求

D. 提供安装、维修、使用和工艺标准等相关技术文件

7. 【单选题】提供质量证明文件的复印件做法错误的是（　　）。

A. 加盖原件存放单位公章　　B. 与原件内容不一致

C. 有经办人签字和时间　　D. 注明原件存放处

8. 【多选题】质检员应从（　　）等方面评价装饰装修工程主要材料的质量。

A. 质量证明文件　　B. 外观质量

C. 复验报告　　D. 订购合同

E. 采购计划

9. 【多选题】材料、构配件进场后，应由建设、监理单位会同施工单位对进场材料、构配件进行检查验收，填写《材料、构配件进场检验记录》。主要检验内容包括（　　）。

A. 材料、构配件出厂质量证明文件及检测报告是否齐全

B. 实际进场材料和构配件数量、规格及型号等是否满足设计和施工计划要求

C. 材料、构配件外观质量是否满足设计要求或规范规定

D. 按规定需抽检的材料、构配件是否及时抽检

E. 是否符合最优采购批量

【答案】1. √；2. ×；3. √；4. C；5. D；6. A；7. B；8. ABC；9. ABCD

第九章　判断装饰装修施工试验结果

考点 43：判断装饰装修施工试验结果●

教材点睛　教材 P87 ～ 88

1. 施工试验

按规定应委托有资质的检测单位进行。

2. 建筑装饰装修工程有关安全和功能的检测项目

见表 9-1。【P87】

3. 考点应用【P87～88】

巩固练习

1.【判断题】施工试验是对关系到使用安全和使用功能的已完分部分项工程质量、设备单机试运转、系统调试运行进行的现场检测、试验或实物取样试验。（　　）

2.【判断题】凡进行了样板间室内环境污染物浓度检测且检测结果合格的，抽检数量减半，并不得少于 3 间。（　　）

3.【判断题】民用建筑工程室内环境污染检测点应均匀分布，靠近通风道和通风口。（　　）

4.【单选题】建筑装饰装修工程的室内环境质量验收，应在工程完工至少（　　）d 以后，工程交付使用前进行。

A. 3　　B. 5

C. 7　　D. 14

5.【单选题】厕浴间防水层做完后做（　　）h 蓄水试验，蓄水深度应符合要求。

A. 2　　B. 12

C. 24　　D. 48

6.【多选题】饰面板（砖）工程有关安全和功能的检测项目包括（　　）。

A. 饰面板后置埋件的现场拉拔强度　　B. 饰面板（砖）的含水率

C. 饰面板（砖）抗冻性　　D. 饰面砖样板件的粘结强度

E. 饰面板（砖）耐污染性

【答案】1. √；2. √；3. ×；4. C；5. C；6. AD

第十章　识读装饰装修工程施工图

考点44：识读装饰装修工程施工图●

教材点睛　教材P89～92

1. 装饰装修工程施工图组成

（1）装饰装修工程施工图主要包括：图纸目录、设计说明、材料表、平面系列图纸（平面布置图、楼地面铺装图、家具定位图、顶棚平面布置图等）、立面系列图纸（各房间立面图）、细部节点详图（顶棚、立面、家具、造型等节点详图）、重点放大图（复杂、细节丰富的平面、立面等）以及水电系列图纸。

（2）装饰装修工程施工图的作用：指导施工；便于工程监督、预算、报审等。

（3）装饰装修工程施工图的特点

1）装饰装修工程施工图由于设计深度的不同、构造做法的细化，在制图和识图上也存在一定的差别。

2）装饰装修工程施工图一般分方案设计和施工图设计两个阶段。对于复杂的装饰装修工程还需增加技术设计阶段，以解决专业之间的技术问题和技术配合。

3）为了表达翔实，符合施工要求，装饰装修工程施工图所用比例较大。

4）装饰装修工程施工图材料表示、家具表示存在行业习惯做法，各地大同小异，需要图例或文字说明。

2. 一般装饰装修工程施工图的识读

（1）装饰平面布置图重点识读装饰材料、家具和设备的平面布置。

（2）楼地面铺装图重点识读地面的造型、材料名称和工艺要求。

（3）顶棚平面布置图重点识读顶棚造型及各类设施的定型定位尺寸、标高、材料及工艺要求。

（4）墙柱面装饰图重点墙柱面造型的轮廓线、壁灯、装饰件，墙柱面饰面材料、涂料的名称、规格、颜色、工艺说明等，以及造型尺寸、定位尺寸和标高。

3. 幕墙工程施工图的识读

（1）构件式幕墙分为：明框幕墙、隐框幕墙、半隐框幕墙。

（2）识读要点：先分清幕墙类型，再只读幕墙造型、尺寸、标高、节点构造，材料及工艺要求。

4. 考点应用【P91～92】

巩固练习

1.【判断题】装饰施工图是设计人员按照投影原理，用线条、数字、文字、符号及图例在图纸上画的图。（ ）

2.【判断题】建筑装饰施工图图例部分有统一标准。（ ）

3.【判断题】建筑装饰施工图是建筑物某部位或某装饰空间的局部表示，细部描绘没有建筑施工图细腻。（ ）

4.【判断题】构件式幕墙分为明框幕墙、隐框幕墙、半隐框幕墙。（ ）

5.【单选题】（ ）是识读施工图和其他工程设计、施工等文件的专业技能要求。

A. 掌握单位工程施工组织设计的编制

B. 能够编制小型项目的施工组织设计

C. 通过学习和训练，能够正确识读装饰装修工程施工图，参与图纸会审设计变更，实施设计交底

D. 能够编制抹灰、吊顶、地面、涂饰等工程的专项施工方案

6.【单选题】装饰装修工程施工图组成主要包括（ ）。

A. 工程概况　　B. 施工平面图

C. 设计说明　　D. 装修施工工艺说明

7.【单选题】一般装饰装修工程施工图的识读中，（ ）是顶棚平面布置图的内容。

A. 顶棚及顶棚以上的主体结构

B. 顶棚的各类设施、各部位的饰面材料、涂料规格、名称、工艺说明

C. 隔断、绿化、装饰构件、装饰小品

D. 墙柱面造型的轮廓线、壁灯、装饰件等

8.【多选题】一般装饰装修工程施工图的识读中，平面布置图表达内容有（ ）。

A. 建筑主体结构

B. 顶棚造型及各类设施的定型定位尺寸、标高

C. 家电的形状、位置

D. 建筑主体结构的开间和进深等尺寸、主要装修尺寸

E. 装修要求等文字说明

9.【多选题】一般装饰装修工程施工图的识读中，墙柱面装修图内容包括（ ）。

A. 装修要求等文字说明

B. 顶棚造型、灯饰、空调风口、排气扇、消防设施的轮廓线，条块饰面材料的排列方向线

C. 墙柱面造型的轮廓线、壁灯、装饰件等

D. 顶棚及顶棚以上的主体结构

E. 详图索引、剖面、断面等符号标注

【答案】1. √；2. ×；3. ×；4. √；5. C；6. D；7. B；8. ACDE；9. CDE

第十一章　确定装饰装修施工质量控制点

考点 45：确定装饰装修施工质量控制点★●

教材点睛　教材 P93 ～ 94

1. 质量控制点的设置原则

应选择那些技术要求高、施工难度大、对工程质量影响大或是发生质量问题时危害大的对象进行设置。

2. 质量控制点的重点控制对象

选择质量控制点的重点部位、重点工序和重点的质量因素作为质量控制点的控制对象，进行重点预控和监控，从而有效地控制和保证施工质量。

3. 质量控制点的管理

（1）要做好施工质量控制点的事前质量预控工作。

（2）要向施工作业班组进行认真交底，使每一个控制点上的作业人员明白作业规程及质量检验评定标准，掌握施工操作要领。

（3）做好施工质量控制点的动态设置和动态跟踪管理。

4. 考点应用【P93～94】

巩固练习

1.【判断题】施工质量控制点的设置是施工质量计划的重要组成内容，是施工质量控制的重点对象。（　　）

2.【判断题】质量控制点应选择那些技术要求不高、施工难度不大、对质量影响不大的对象进行设置。（　　）

3.【单选题】参与编制质量控制文件，实施质量交底，下面说法正确的是（　　）。

A. 工程质量实行终身责任制　　B. 只有分部工程进行技术质量交底

C. 施工中可撤换和减少重要岗位人员　　D. 要依据国家有关法规只对操作工人培训

4.【单选题】质量控制点的重点控制对象不包括（　　）。

A. 重点工序　　B. 重点部位

C. 重点部门　　D. 重点的质量因素

5.【单选题】轻钢龙骨石膏板顶棚工程质量控制点不包括（　　）。

A. 龙骨起拱　　B. 空鼓开裂

C. 板缝处理　　D. 施工顺序

6.【多选题】一般选择下列（　　）作为质量控制点。

A. 对下道工序影响不大的工序

B. 质量稳定的工序、部位或对象

C. 采用新技术的部位或环节

D. 对工程质量产生直接影响的关键部位

E. 施工质量无把握的工序或环节

【答案】1. √；2. ×；3. A；4. C；5. B；6. CDE

第十二章　编写质量控制措施等质量控制文件，实施质量交底

考点 46：编写质量控制措施等质量控制文件，实施质量交底★

教材点睛　教材 P95 ～ 98

1. 参与编写质量控制措施等质量控制文件，实施质量交底

（1）工程质量技术交底的内容包括：任务范围、施工方法、质量标准和验收标准、施工中应注意的问题、可能出现意外的措施及应急方案、文明施工和安全防护、成品保护要求等。

（2）技术交底应围绕施工材料、机具、工艺、工法、施工环境和具体的管理措施等方面进行，应明确具体的步骤、方法、要求和完成的时间等。

（3）技术交底的形式有：书面、口头、会议、挂牌、样板、示范操作等。

2. 实施工程项目质量技术交底

（1）开工前准备

1）组织好技术人员认真做好设计图纸会审工作，在项目技术负责人主持下，对项目部管理人员及操作工人实行技术交底；

2）项目部管理人员必须具有相应的岗位资格证书，责任明确，配备专职质量管理人员；

3）施工组织设计及各专项施工方案必须按照工程实际情况进行编制，编制好后报公司（分公司）、监理审批认可后方可实施，应用新材料、新工艺等需通过专家认证的，还应按规定程序组织专家论证；

4）开工前，项目部应配备齐全本工程需要的现行技术规范。

（2）施工过程

1）项目部技术负责人应在各分项工程施工前组织施工人员进行书面施工技术交底；

2）应用新技术、新工艺、新材料、新设备的工程，在应用前对操作班组实施培训；

3）按现行技术规范、验收标准项目部应按规定对各检验批开展质量检查。

（3）竣工验收

1）工程竣工验收前，项目部应进行初验。确认符合竣工验收条件后以书面形式上报公司（分公司），由公司（分公司）工程部进行复查，对复查中提出的问题，项目部必须组织人员限期做好整改工作，对商品房应进行分户检查验收。

2）工程竣工验收通过后，项目部应在两个月内将工程竣工验收资料送公司（分公司）工程部存档。

3. 考点应用【P96～98】

巩固练习

1.【判断题】技术交底的形式有书面、口头、会议、挂牌、样板、示范操作等。（　　）

2.【判断题】项目部管理人员必须具有相应的岗位资格证书，责任明确，配备专职质量管理人员。建立以质量员为组长的质量管理领导小组。（　　）

3.【单选题】开工前，在（　　）主持下，对项目部管理人员及操作工人实行技术交底。

A. 项目经理　　B. 项目技术负责人

C. 项目质量总监　　D. 项目生产经理

4.【单选题】开工前，项目部应配备齐全本工程需要的现行技术规范，并由（　　）组织各级技术人员学习，贯彻执行。

A. 总监理工程师　　B. 项目技术负责人

C. 项目质量总监　　D. 项目合同经理

5.【多选题】项目部应建立由（　　）等组成的材料进场验收小组，严格把关确保所进的材料全部为合格品、优等品。

A. 项目经理　　B. 项目技术负责人

C. 质量员　　D. 安全员

E. 材料员

6.【多选题】裱糊前，基层处理质量应达到的要求有（　　）。

A. 新建筑物的混凝土或抹灰基层墙面在刮腻子前应涂刷界面剂

B. 旧墙面在裱糊前应清除疏松的旧装修层，并涂刷抗碱封闭底漆

C. 混凝土或抹灰基层含水率不得大于 12%

D. 基层表面平整度、立面垂直度及阴阳角方正应达到高级抹灰规范的要求

E. 裱糊前应用封闭底胶涂刷基层

【答案】1. √；2. ×；3. B；4. B；5. ABCE；6. DE

第十三章　进行装饰装修工程质量检查、验收、评定

考点 47：装饰装修工程质量检查、验收、评定★●

教材点睛　教材 P99 ～ 106

1. 装饰装修工程中的分项工程、检验批

（1）装饰装修工程分项工程划分，详见表 13-1。【P99】

（2）装饰装修工程检验批是工程质量验收的基本单元（最小单位）；每个检验批的检验部位必须完全相同；检验批只做检验，不作评定。

（3）根据《建筑工程施工质量验收统一标准》GB 50300—2013，建筑工程施工质量验收应划分为单位工程、分部工程分项工程和检验批。

2. 建筑工程施工质量验收要求

（1）工程质量验收均应在施工单位自检合格的基础上进行；

（2）参加工程施工质量验收的各方人员应具备相应的资格；

（3）检验批的质量应按主控项目和一般项目验收；

（4）对涉及结构安全、节能、环境保护和主要使用功能的试块、试件及材料，应在进场时或施工中按规定进行见证取样和检验；

（5）隐蔽工程应由施工单位通知监理单位进行验收，并应形成验收文件，验收合格后方可继续施工；

（6）对涉及结构安全、节能、环境保护和使用功能的重要分部工程，应在验收前按规定进行抽样检验；

（7）工程的观感质量应由验收人员现场检查，并应共同确认。

3. 考点应用【P101～106】

巩固练习

1.【判断题】当建筑工程只有装饰装修分部时，该工程应作为单位工程验收。（　　）

2.【判断题】对涉及结构安全、节能、环境保护和使用功能的重要分部工程，应在验收前按规定进行见证检验。（　　）

3.【单选题】对涉及结构安全、节能、环境保护和主要使用功能的试块、试件及材料，应在进场时或施工中按规定进行（　　）。

A. 抽样检验　　　　B. 全数检验

C. 见证检验　　　　D. 实体检验

4.【单选题】抹灰总厚度大于或等于（　　）mm 时的加强措施，不同材料基体交接处的加强措施。

A. 20　　B. 25

C. 30　　D. 35

5.【单选题】建筑装饰装修工程一般按（　　）划分检验批。

A. 工程量　　B. 楼层

C. 施工段　　D. 变形缝

6.【多选题】检验批的质量应按（　　）验收。

A. 保证项目　　B. 主控项目

C. 基本项目　　D. 一般项目

E. 允许偏差项目

7.【多选题】顶棚工程应对下列项目进行隐蔽工程验收的是（　　）。

A. 顶棚内管道、设备的安装及水压试验

B. 木龙骨防火、防腐处理

C. 预埋件或拉结筋

D. 吊杆安装

E. 面板安装

8.【多选题】工程竣工验收应当具备的条件是（　　）。

A. 有项目签署的质量承诺书

B. 完成工程设计和合同约定的各项内容

C. 有完整的技术档案和施工管理资料

D. 有工程使用的主要建筑材料、建筑构配件和设备的进场试验报告

E. 有设计、施工、工程监理等单位分别签署的质量合格文件

【答案】1. √；2. ×；3. C；4. D；5. B；6. BD；7. ABCD；8. BCDE

第十四章　识别质量缺陷，进行分析和处理

考点48：识别质量缺陷，分析并处理●

教材点睛　教材 P107～114

1. 施工质量问题

分为工程质量缺陷、工程质量通病和工程质量事故三类。

2. 形成质量问题的原因分析

（1）影响工程质量的五大要素：人、机械、材料、施工方法、环境条件。

（2）质量问题分析方法：排列图、因果图、调查表、分层法、直方图、控制图、散布图、关系图法等。

（3）质量问题形成的主要原因：

1）企业缺乏施工技术标准和施工工艺规程。

2）施工人员素质参差不齐，缺乏基本理论知识和实践知识。质量控制关键岗位人员缺位。

3）对施工过程控制不到位，未做到“施工按工艺、操作按规程、检查按规范标准”，对分项工程施工质量检验批的检查评定流于形式，缺乏实测实量。

4）工业化程度低。

5）违背客观规律，盲目缩短工期和抢工期，盲目降低成本等。

3. 质量问题的处理方法

及时纠正、合理预防。

4. 考点应用【P108～114】

巩固练习

1.【判断题】建设工程质量问题通常分为工程质量缺陷、工程质量通病和工程质量事故三类。（　　）

2.【判断题】经有资质的检测单位检测鉴定达不到设计要求的检验批，不予以验收。（　　）

3.【判断题】有排水要求的部位应做滴水线（槽），滴水线（槽）应整齐顺直，滴水线应外高内低，滴水线、滴水槽的宽度应不小于5mm。（　　）

4.【单选题】抹灰用的石灰膏的熟化期不应小于（　　）d。

A. 3　　B. 7

C. 14　　D. 15

5.【单选题】罩面用的磨细石灰粉的熟化期不应小于（　　）d。

A. 2　　B. 3

C. 7　　D. 15

6.【多选题】工程质量缺陷按其程度可分为（　　）。

A. 重大缺陷　　B. 较大缺陷

C. 严重缺陷　　D. 常见缺陷

E. 一般缺陷

【答案】1. √；2. ×；3. ×；4. D；5. B；6. CE

第十五章　参与调查、分析质量事故，提出处理意见

考点 49：质量事故调查、分析及处理●

教材点睛　教材 P115 ～ 117

1. 提供质量事故调查处理的基础资料

（1）与工程质量事故有关的施工图；

（2）与工程施工有关的资料、记录；

（3）事故调查分析报告。

1）质量事故的情况；2）事故性质；3）事故原因；4）事故评估；5）事故涉及的人员与主要责任者的情况等。

（4）设计单位、施工单位、监理单位和建设单位对事故处理的意见和要求。

2. 分析质量事故的原因

（1）确定事故原点：事故原点的状况往往反映出事故的直接原因；

（2）正确区别同类型事故的不同原因：根据调查情况，对事故进行全面的分析，找出事故的根本原因；

（3）注意事故原因的综合性：要全面估计各种因素对事故的影响，以便采取综合治理措施。

3. 考点应用【P115～117】

巩固练习

1.【判断题】质量事故的降级处理是如对已完工部位，因轴线、标高引测差错而改变设计平面尺寸，若返工损失严重，在不影响使用功能的前提下，经承发包双方协商验收。（　　）

2.【单选题】对质量不合格的施工结果，经设计人的核验，虽没达到设计的质量标准，却尚不影响结构安全和使用功能，经业主同意后可予验收的质量事故处理方法是（　　）。

A. 修补处理　　B. 让步处理

C. 降级处理　　D. 不做处理

3.【多选题】质量事故调查处理的基础资料包括（　　）。

A. 与工程质量事故有关的施工图

B. 与工程施工有关的资料、记录

C. 事故调查分析报告

D. 设计、施工、监理和建设单位的意见和要求
E. 施工合同

【答案】1. √；2. B；3. ABCD

第十六章　编制、收集、整理质量资料

考点 50：质量资料的编制、收集、整理●

教材点睛　教材 P118 ～ 121

1. 施工资料是建筑工程在工程施工过程中形成的资料，包括施工管理资料、施工技术资料、进度造价资料、施工物资资料、施工记录、施工试验记录及检测报告、施工质量验收记录、竣工验收资料共八类。

2. 工程资料对于工程质量具有否决权，是工程建设及竣工验收的必备条件，是对工程进行检查、维护、管理、使用、改建、扩建的原始依据。

3. 工程资料的编制、收集、整理，应做到及时性、真实性、准确性、完整性。

4. 考点应用【P119～121】

巩固练习

1.【判断题】工程资料对于工程质量具有否决权，是工程建设及竣工验收的必备条件，是对工程进行检查、维护、管理、使用、改建、扩建的原始依据。（　　）

2.【判断题】分包单位资料应直接移交建设单位。（　　）

3.【单选题】工程竣工验收后（　　）个月内，建设单位向当地城建档案馆移交一套符合规定的工程档案。

A. 1　　B. 2

C. 3　　D. 6

4.【多选题】工程资料的编制、收集、整理，应做到（　　）。

A. 及时性　　B. 真实性

C. 准确性　　D. 完整性

E. 实用性

【答案】1. √；2. ×；3. C；4. ABCD